プラズマ流動工学

Plasma Flow Engineering

西山 秀哉

東京図書出版

まえがき

　近年，プラズマは，材料プロセス，化学プロセス，航空宇宙，環境・エネルギー，バイオ・医療等に広く用いられ，革新的な技術開発が社会的に多くの関心を集めている。

　著者はこれまで，プラズマを流動と電磁場，混相場，化学反応場に着目した機能性流体の視点で体系化し，プラズマ流動システムの提唱により様々な応用を検討してきた。

　本書では，著者が機能性流体工学を基盤として構築してきた「プラズマ流動工学」の基礎学理を，式とカラーの図や写真を用いて視覚的にわかりやすく説明し，将来実用化が期待される先端応用例に関して解説する。なお，本書はプラズマ工学や熱流体工学の基礎的な素養を有している前提のもとに理論および実験の両面から執筆されている。

　著者らが1989年から東北大学流体科学研究所で推進してきた「プラズマ流動工学」に関する研究や大学院講義，国内外の研究機関や学会での講演，産学連携や受賞した研究成果を体系化し，まとめたものである。「プラズマ流動工学」とは，プラズマ工学と熱流体工学，電気工学，制御工学，材料科学，ナノ科学，反応化学を統合的に融合した「フロンティア流体工学」であり，世界でもこの概念は類をみない。例えば，プラズマ流中に微粒子や液滴が分散混合している場合，また，液体中の気泡内部にプラズマが発生している場合を対象とし，複雑な混相流と見なせる。応用としては，微粒子に関しては，溶射やコールドスプレーによる成膜，ナノ粒子創製，電気集塵や汚染微粒子搬送および表面浄化，液滴に関しては，静電スプレーや水処理，さらに気泡に関しては，水質浄化やオゾン水等の機能水創製がある。プラズマ流と電磁場との相互作用による流体力としてのローレンツ力および静電気力，熱源としてのジュール熱，ラジカル等による化学的高活性，また，混相流として，プラズマ流と微粒子や液滴，気泡との運動量やエネルギーの相互作用およびこれら固体表面および気液界面での化学反応がこの研究領域の大きな特徴となる。

　2章は，機能性流体工学を基盤として，プラズマ流動の多様な物理化学

的な機能性について述べる。

　3章は，プラズマ流と混相化および化学反応を用いたプラズマ流動システム構築の方法を述べる。また，応用として材料プロセス，エネルギー機器，環境浄化への応用例の概略を説明する。

　4章は，電磁場下のプラズマ流動の安定化と定値制御，燃焼促進用反応性プラズマ流動，プラズマ流動と気液界面・固体表面との相互作用によるアーク溶融，ガス遮断器，材料表面改質について説明する。

　5章は，プラズマ流中に微粒子，液滴が分散あるいは気泡内にプラズマが発生した混相プラズマ流動に関して，電磁場および流動制御による成膜プロセスおよび微粒子プロセスと微粒子輸送，気液界面での化学反応を活用した液滴や気泡による反応性微粒子創製，水質浄化や液輸送について説明する。

　本書は，21世紀の日本の学術研究を発展させるよう流動および機能性の視点からプラズマ工学と異分野を融合した「プラズマ流動工学」を体系化し，「五輪書」風に未来への知的遺産となることを意図する「フロンティア流体工学」に関する「啓蒙的研究解説書」である。流体科学や流体工学，プラズマ工学を目指す機械，電気，化学，材料系の次世代研究者や技術者，大学院生諸氏のフロンティア研究スピリットを喚起し，次世代フロンティア流体工学創成の礎石となれば幸いである。詳細は省略したので，関連する図書や文献を参照されたい。本書が，大学院生の教材，研究・開発に従事する大学等の研究者や技術者の参考書ご活用の機会にめぐまれれば幸甚の存ずるしだいである。

　本書を草するにあたり，国内外の多くの著書や論文を参照したが，これら多くの著者に改めて深く敬意を表したい。また，日本機械学会，日本混相流学会，ASME，IEEE 等関連する学会や出版社 Elsevier, S. A. Springer Nature, IOP Publishing Ltd. には，掲載および転載許諾していただいたことに重ねて謝意を表するものである。最後に本書の出版にあたり，東京図書出版各位の尽力に謝意を表する。

　令和3年4月

西　山　秀　哉

目　次

1. はじめに 5

2. プラズマ流動の機能性 7

3. プラズマ流動システム 10
  3.1　プラズマ流動システムの構築 10
  3.2　システムとデバイスの応用 11
     3.2.1　材料プロセス 11
     3.2.2　エネルギー機器 11
     3.2.3　環境浄化 12

4. 電磁場下のプラズマ流動 13
  4.1　プラズマ流動の制御 13
     4.1.1　磁場・圧力によるプラズマジェットの安定化・定
          値制御 13
     4.1.2　バイオマスガス化用の水・ガス安定化ハイブリッ
          ドアーク 17
  4.2　反応性プラズマ流動 20
     4.2.1　プラズマ支援燃焼促進 20
  4.3　プラズマ流動と気液界面・固体表面との相互作用 25
     4.3.1　アーク溶融プロセス 25
     4.3.2　小型ガス遮断器の冷却性能向上 31
     4.3.3　DBD 支援 DC アークジェットによる材料表面改質 35

5. 混相プラズマ流動 39
  5.1　微粒子プラズマ流動 39
     5.1.1　プラズマ溶射の電磁場制御 39

5.1.2 超音速ジェット中飛行微粒子の静電加速 45

5.1.3 高周波誘導プラズマ流動によるナノ粒子創製プロ
セス 49

5.1.4 DC-RF ハイブリッドプラズマ流動による微粒子球
形化プロセス 53

5.1.5 プラズマアクチュエータチューブによるナノ粒子
の輸送と表面浄化 59

5.2 反応性液滴プラズマ流動 64

5.2.1 管内噴霧 DBD プラズマ流動による水質浄化 64

5.2.2 液滴原料注入による DC-RF ハイブリッドプラズマ
流動を用いた高機能微粒子創製プロセス 75

5.3 反応性気泡プラズマ流動 79

5.3.1 紫外光照射オゾンマイクロバブルジェットによる
水質浄化 79

5.3.2 ナノ・マイクロパルス放電気泡ジェットによる水
質浄化 82

5.3.3 細管内プラズマポンプによる液輸送と水質浄化 98

6. おわりに 101

謝辞 103

参考文献 104

索引 110

1. はじめに

　本書では材料プロセス，化学プロセス，航空宇宙，環境・エネルギー，バイオ・医療等の分野の多様なプラズマを分野横断的に流体工学と機能性の視点から，基礎と応用を解説する。

　プラズマ流動とは，電磁場下で電子，正負のイオン，活性種（ラジカル），分子，原子等の粒子で構成される多成分で物理化学的機能性を有する流体が，微小スケールでの粒子の移動およびマクロスケールでの運動量とエネルギーの輸送を伴う。

　本書では，流動性のある電離気体であるプラズマ流中に微粒子や液滴が分散混合している場合，液体中の気泡内部にプラズマが発生している場合を対象とする。これらをそれぞれ微粒子プラズマ流動，液滴プラズマ流動および気泡プラズマ流動と称する。

　基礎としては，電磁場下でプラズマ流動の電磁流体力学的特性および化学的反応特性，さらには混相場でプラズマ流動と微粒子，液滴，気泡との相互作用を考慮した基礎方程式系の導出とモデリング，プラズマ特性や熱流体および混相流動特性の計測法の確立が重要となる。

　応用としては，プラズマ流動の安定化・制御，化学的高活性による燃焼促進，プラズマ流動と気液界面・固体表面との相互作用として灰溶融，材料表面改質，電磁エネルギー機器の小型化があげられる。また，微粒子プラズマ流動に関しては，機能性成膜プロセス，ナノ粒子創製，電気集塵器や汚染微粒子搬送と表面浄化，液滴プラズマ流動に関しては，静電スプレーや水処理，反応性微粒子プロセスさらには気泡プラズマ流動に関しては水質浄化や液輸送，オゾン水等の機能水創製がある。

　近年，プラズマ工学と異分野領域との融合化が促進され，新領域創成が社会的にも期待されている。本書は，一分野としてのプラズマ工学から脱却し，プラズマをマルチスケールのアプローチにより流動とナノ・マイクロスケールでの機能性，混相流の視点から把握し，また，流動下で物理・化学的外場にマクロスケールで応答するプラズマ流動システムの構築とそ

の応用を目指すものである。日本機械学会，日本混相流学会等での学術活動および国内外の研究機関やプラズマ関連国際会議等で公表した著者らの研究グループの研究成果を平易に解説したものである。

2．プラズマ流動の機能性

　プラズマ流は，気体を放電させることにより，電子，正負イオンの荷電粒子やラジカル，または原子，分子から構成される多成分電磁流体である[1，2]。大気圧近傍では，直流アーク放電，高周波誘導結合型放電，マイクロ波放電による高温高密度の熱プラズマは，熱源として用いられ，電子温度とガス温度が同じで，電磁流体力学効果が顕著な高温電磁流体である[3]。一方，$10^{-3} \sim 10^{-6}$ 気圧程度の低気圧下では，直流放電，高周波および低周波放電による低温低密度で電子温度がガス温度より高い熱非平衡プラズマである。大気圧下でも誘電体バリア放電，コロナ放電，グロー放電により低温高密度でガス温度が常温の非熱プラズマとなり，化学反応源となる反応性流体である[4]。

　特に流動に着目したプラズマ流は，輸送によりプラズマ発生および作用領域が拡大され，種々の放電形態や作動ガスの選択性および作動圧に応じて，高エネルギー密度，電磁場制御性，化学的高活性，変物性，光放射等の多様な物理化学的機能性を発現する機能性流体である[5]。例えば，電磁場印加によりローレンツ力でプラズマジェットを伸縮・安定化させたり，局所的に電子を閉じ込めジュール熱で加熱したり，静電気力で荷電粒子を加減速できる。また，励起種，ラジカル等による化学反応の高活性化，さらには，粘性係数，熱伝導率，拡散係数，導電率などの物性値が温度や圧力で著しく変化したり，種々の波長を有する光を放射する。

　電磁流体力学基礎方程式は，質量保存則の式 (2.1)，運動量保存則の式 (2.2)，エネルギー保存則の式 (2.3) で，状態方程式は，式 (2.4) である。ここで，u は速度，ρ は密度，e は内部エネルギー，τ は応力テンソル，p は圧力，λ は熱伝導率，T は温度である。

　運動量保存則の右辺第3項，第4項は，それぞれ静電気力 $\rho_c(E+u \times B)$ およびローレンツ力 $j \times B$ である。また，エネルギー保存則の右辺第2項は，ジュール熱 $j \cdot (E+u \times B)$ で，Q_r は放射損失，Φ_D は粘性散逸である。

$$\frac{\partial \rho}{\partial t} + \nabla \cdot (\rho \boldsymbol{u}) = 0, \tag{2.1}$$

$$\frac{\partial (\rho \boldsymbol{u})}{\partial t} + \nabla \cdot (\rho \boldsymbol{u} \boldsymbol{u})$$
$$= -\nabla p + \nabla \cdot \overline{\tau} + \rho_c (\boldsymbol{E} + \boldsymbol{u} \times \boldsymbol{B}) + \boldsymbol{j} \times \boldsymbol{B}, \tag{2.2}$$

$$\frac{\partial}{\partial t} e + \nabla \cdot [(e+p)\boldsymbol{u}]$$
$$= \nabla \cdot (\lambda \nabla T) + \boldsymbol{j} \cdot (\boldsymbol{E} + \boldsymbol{u} \times \boldsymbol{B}) - Q_r + \Phi_D, \tag{2.3}$$

$$p = \rho RT \tag{2.4}$$

電荷保存の式は，式 (2.5) で表せる。

$$\frac{\partial \rho_c}{\partial t} + \nabla \cdot \boldsymbol{j} = 0 \tag{2.5}$$

また，電場の強さ $\boldsymbol{E}$，磁束密度 $\boldsymbol{B}$ や電流密度 $\boldsymbol{j}$ は，マックスウェルの式 (2.6) やオームの式 (2.7) から求める。

ここに，ε_0, μ_0, ρ_c は，それぞれ誘電率，透磁率，電荷密度また，σ は，導電率である。

$$\left.\begin{aligned}
&\nabla \cdot \boldsymbol{E} = \frac{\rho_c}{\varepsilon_0} \\
&\nabla \times \boldsymbol{E} = -\frac{\partial \boldsymbol{B}}{\partial t} \\
&\nabla \cdot \boldsymbol{B} = 0 \\
&\nabla \times \boldsymbol{B} = \mu_0 \boldsymbol{j} + \varepsilon_0 \mu_0 \frac{\partial \boldsymbol{E}}{\partial t}
\end{aligned}\right\} \tag{2.6}$$

$$\boldsymbol{j} = \sigma(\boldsymbol{E} + \boldsymbol{u} \times \boldsymbol{B}) \tag{2.7}$$

　図2.1に示すように，電磁場下でのプラズマ流動の分類は化学反応性や混相流の視点から，非反応性プラズマ流動，反応性プラズマ流動，非反応性混相プラズマ流動，反応性混相プラズマ流動がある。

図2.1　プラズマ流動の分類

3. プラズマ流動システム

3.1 プラズマ流動システムの構築

図3.1にプラズマ流動システムの概念を示す。

機能性プラズマ流を材料プロセス，化学プロセス，エネルギー機器，環境浄化等の産業や医療，バイオ，農業に応用するためには，プラズマ流をさらに高機能化およびスマート化したプラズマ流動システムの構築が必要である [6, 7, 8]。

プラズマ流動システム構築のためには，2つの方法がある。1つ目は，プラズマ流と微粒子，液滴と気泡との分散混相化あるいは，反応性気体，金属蒸気と混合による時空間ナノ・マイクロスケールでの運動量およびエネルギー交換や蒸発・溶融等の相変化，変物性である [8, 9, 10]。2つ目は，プラズマ流と電極，材料表面，生体表面および気液界面で時空間ナ

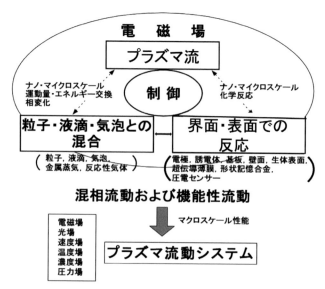

図3.1 プラズマ流動システムの概念

ノ・マイクロスケールでの化学反応の利用が重要である［8, 10］。また，これら混相効果と化学反応は，気液界面や固体表面を通して相乗効果もある。すなわち，プラズマ流とこれら要素間の時空間的なナノ・マイクロスケールでの物理化学的相互作用を伴うプラズマ流動をスマートに制御し統合することにより，電磁場，光場，熱流動場，濃度場，圧力場等の外場を物理化学的に認識・応答し，マクロスケールで性能を発揮するマルチスケールのプラズマ流動システムが，エネルギー変換機器，環境浄化，材料プロセス，医療・バイオ等に応用される［11, 12, 13, 14, 15］。

3.2　システムとデバイスの応用

　プラズマの流動性や物理化学的機能性を活用した応用は，システムやデバイスとして以下に挙げられる。

3.2.1　材料プロセス

　材料プロセスでは，プラズマ流中に微粒子を混入し，微粒子がプラズマ流から運動量および熱エネルギーを授受することにより，粒子加速および粒子溶融・蒸発する。飛行粒子の溶融球形化，金属蒸気のクェンチに伴う核生成による微粒子創製プロセスやプラズマ溶射による溶融衝突粒子の冷却基板上での凝固成膜プロセスがある。また，非熱状態で基板への高速衝突粒子の接着によるコールドスプレー成膜プロセスもある。プラズマプロセスの高効率化のためには，プラズマ流動の安定化，飛行粒子の速度や相変化を時空間的に精密制御することが重要になり，操作パラメータとして電磁場や内部および外部流動場が挙げられる。

3.2.2　エネルギー機器

　アークは，電磁流体としてローレンツ力やジュール熱の活用が有効で，エネルギー機器の推進力や熱源に用いられる。小型ガス遮断器内で粗い壁面によるアーク排気ガスの短時間冷却，水やガスの旋回流および熱ピンチによるアーク安定化もある。また，大気圧下のパルス放電による誘電体バ

リア放電プラズマ（DBD）では，酸化力の強いオゾンや電子衝突に伴う酸素ラジカルを生成し，燃焼の着火遅れの短縮や希薄燃焼促進に有効である。

3.2.3　環境浄化

　気泡や液滴での気液界面を有するプラズマでは，パルス放電で水蒸気と電子衝突により液中に酸化力の強い O ラジカルや OH ラジカルを生成され，水質浄化に有効である。また，気中で DBD 放電アクチュエータ効果や粒子帯電により，汚染浮遊微粒子および堆積微粒子の搬送や発生オゾンによる粒子表面浄化も可能となる。

4. 電磁場下のプラズマ流動

4.1 プラズマ流動の制御

4.1.1 磁場・圧力によるプラズマジェットの安定化・定値制御

プラズマジェットは，プラズマ溶射や材料表面改質および廃棄物溶融等に広く用いられている。これらのプロセスにおいては，放電電流の変動，トーチ内アーク柱の運動，粉体供給ガスの脈動，乱流，さらには，下流で基板や溶融物質に衝突する際にプラズマジェットに不安定挙動を生じる。そこで，高品質の成膜プロセスや表面改質プロセスのためには，プラズマジェットと物体との相互作用による不安定挙動を抑制したり，外乱に対してプラズマジェットがより安定化し，一定の物理量を維持することが重要となる。

図4.1は，磁場制御型 DC プラズマジェットシステムを示す [16]。DC

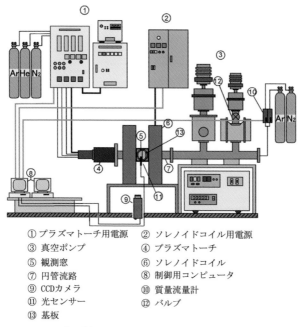

① プラズマトーチ用電源　② ソレノイドコイル用電源
③ 真空ポンプ　　　　　　④ プラズマトーチ
⑤ 観測窓　　　　　　　　⑥ ソレノイドコイル
⑦ 円管流路　　　　　　　⑧ 制御用コンピュータ
⑨ CCDカメラ　　　　　　⑩ 質量流量計
⑪ 光センサー　　　　　　⑫ バルブ
⑬ 基板

図4.1 磁場制御型 DC プラズマジェットシステム

プラズマトーチは二段式で，一段目陽極ノズルでは，弱旋回流を伴ったアルゴン 30Sl/min が軸方向に 0.9kW で放電し，二段目ノズルでは，窒素 30Sl/min が周方向に流入し，5.6kW で放電する。管路内の背圧は 650〜1100Pa で，管路測定部には最大磁束密度 0.44T 発生するためのソレノイドコイルと熱流束センサーを埋没させた基板が管路内に垂直に設置されている。

図4.2は，表面窒化プロセスにおける基板に衝突するアルゴン・窒素プラズマジェットの安定化フィードバック制御システムを示す［16］。制御システムにおいて操作量は，外部磁場と背圧で，制御対象は基板熱流束，プラズマからの放射光，プラズマジェットの軸と幅である。プラズマジェットの不安定性を検知する物理量は，放射光変動である。伝達関数は，PI制御要素として，次式 (4.1) で表せる。

$$G(s) = K_p\left(1 + \frac{1}{T_I \cdot s}\right) \tag{4.1}$$

ここで，K_p, T_I は，それぞれ比例定数，積分時間で，予め PI 制御要素

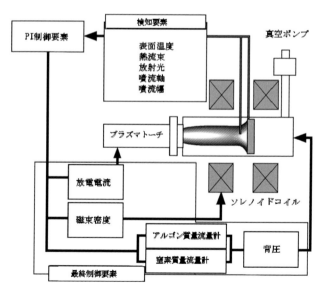

図4.2 安定化フィードバック制御システム

に制御量と操作量の相関を記憶させる。

　図4.3は，基板に衝突するプラズマジェットを示す［16］。背圧が低くなるとプラズマジェットが伸長し，外部磁場を印加すると半径方向ローレンツ力によりプラズマジェットがピンチされ，発光強度が強くなる。

　図4.4(a)，(b) は，基板に衝突するプラズマジェット軸位置 a' の磁場 B

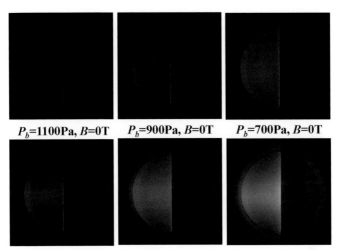

P_b=1100Pa, B=0T　　P_b=900Pa, B=0T　　P_b=700Pa, B=0T

P_b=1100Pa, B=0.44T　P_b=900Pa, B=0.44T　P_b=700Pa, B=0.44T

図4.3　基板に衝突するプラズマジェット

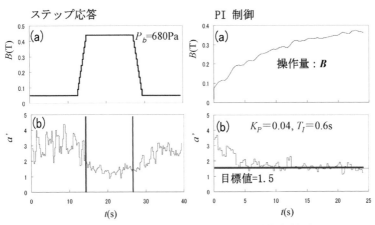

図4.4　プラズマジェット軸の揺動抑制制御特性

によるステップ応答と揺動抑制制御特性を示す[16]。なお，プラズマジェット軸は，放射光最大強度の半径方向位置と定義する。式(4.1)で，$K_p=0.04$，$T_I=0.6s$ の時，磁場印加により半径方向のピンチ効果でプラズマジェット軸の上下半径方向の揺動が抑制され，軸対称となり目標値1.5に到達するまで約6sを要する。すなわち，磁場印加により，プラズマジェットが安定になることを示す。

　図4.5(a)−(c) は，波長 821.6nm 窒素原子放射光強度 I_r の放電電流 I_p に対するステップ応答と背圧 P_b による PI 定値制御特性を示す[16]。放電電流 I_p がステップ状に増加した時，背圧操作により基板直前の窒素放射強度のオーバーシュートやアンダーシュートはあるが，$K_p=1300$ $T_I=1.8s$ の時，約0.45の目標値となっている。これは，放電電流変化に対しても基板衝突直前で窒素原子数密度が一定値になることを示し，窒化表面プロセスの高品質化に寄与すると考えられる。

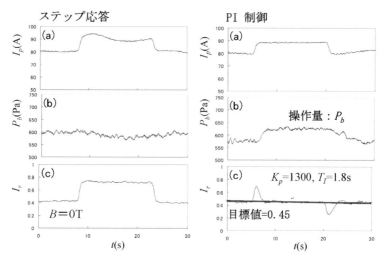

図4.5　窒素原子放射光強度の定値制御特性

4.1.2　バイオマスガス化用の水・ガス安定化ハイブリッドアーク

　図4.6は，著者と長年共同研究を実施したチェコ・プラズマ物理研究所で開発された水・ガス安定化ハイブリッドアークトーチを示す［17］。アーク発生には，アルゴンを用い，アークの外周方向に水を注入する。旋回流と水の熱ピンチの相乗効果により，アークを安定化させ，アーク外周にはアルゴンと水および水蒸気の不均一混合プラズマが形成される。応用は，プラズマ溶射や有機廃棄物のガス化および難分解性物質の熱分解に用いられる。

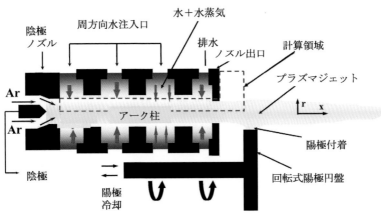

図4.6　水・ガス安定化ハイブリッドアークトーチ

アークトーチ内は，大電流が流れ実験が危険で可視化ができないので，ローレンツ力，ジュール熱や放射損失を考慮した電磁流体の基礎方程式(2.1)〜(2.4)，電磁場の式(2.5)〜(2.7)と23の化学種 s の質量分率 f_s，拡散質量束 J_s，正味生成率 S_s による化学種連続の式(4.2)を実験に基づいた境界条件下で計算・実験統合解析を行う[17]。

$$\frac{\partial}{\partial t}(\rho f_s) + \nabla \cdot (\rho \boldsymbol{u} f_s) = -\nabla \cdot J_s + S_s \tag{4.2}$$

熱流動場は，2次元軸対称，局所熱平衡（LTE），圧縮性乱流で，乱流は LES Smagorinsky モデルを採用する。アークからの放射損失は，アルゴンと水素や酸素から構成される種々の化学種に関して，部分特性モデル(Partial characteristic model)を用いる。また，アークの自己誘起磁場のみ考慮し，重力や陰極でのポテンシャル降下は無視する。アルゴンと水蒸気由来の水素や酸素の化学種の局所的な不均一混合は，質量分率や圧力，温度，電場ポテンシャル勾配，渦動粘性係数で表せる結合拡散係数法に従う[17]。

図4.7は，アーク電流によるトーチ内の速度場を示す[17]。速度は，ノズル出口に向かって増速し，150A では全領域では亜音速であるが，600A ではノズル出口近傍の中心領域で最大速度は 7000m/s に到達し，マッハ数が1.20の超音速で不足膨張波を形成する。

図4.8は，アーク電流によるノズル出口 2mm での化学種モル分率の半径方向分布を示す。150A では，中心領域には，アルゴンイオンと電子が存在し，中心領域からアーク外縁部にかけてアルゴンと水蒸気が解離した水素および酸素原子が増加する。一方 500A では，中心領域で活発な電離により電子，水素イオン，酸素イオン，アルゴンイオンが著しく増大し，水蒸気由来の水素原子や酸素原子は，アーク外縁のみに偏在する。

図4.9は，ノズル出口 2mm での温度分布の計算と実験の比較を示す。最大温度は，600A では，23,000K となり，半径方向温度勾配が大きい。計算値が実験値より軸上温度で 2,000K ほど高いが，大電流 600A でも両者とも定性的にはよい一致が得られる。

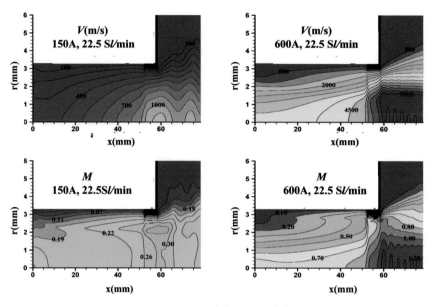

図4.7　アーク電流による速度場

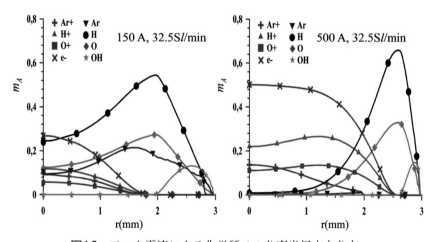

図4.8　アーク電流による化学種モル分率半径方向分布

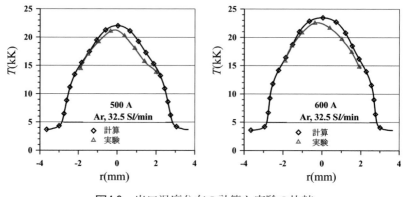

図4.9　出口温度分布の計算と実験の比較

4.2　反応性プラズマ流動

4.2.1　プラズマ支援燃焼促進

　内燃機関の着火は，140年以上にわたりシリンダー内の高温・高圧下でスパーク放電に伴う熱解離によるO,Hラジカルを発生させる点着火であった。近年，ナノパルス放電で非熱プラズマを発生させ，高エネルギー電子の衝突に伴う活性種Oラジカルの生成による燃焼促進技術が著しく進展している。これは，低温酸化反応を伴う連鎖的な体積着火により，着火遅れを著しく短縮し，燃費を改善することにより希薄燃焼限界の拡張を実現するものである。

　図4.10は，耐圧・耐熱性能改良型の環状円筒DBDプラズマジェットトーチを示す［18, 19］。高電圧を径6.0mmで銅の棒状中心電極に印加し，外側の円筒電極が接地電極である。また，接地電極の内側に内径および厚さが7.5mm，0.8mmの石英ガラスを誘電材料として被覆した。空気は，間隔0.75mmの中心電極と誘電体間の環状流路を流れ，トーチからオゾンや活性酸素が噴出する構造である。投入電圧は最大20kV$_{pp}$，2.5kHz，500V/µsの正弦波と最大14kV$_{pp}$，2.0kHz，100V/ns，duty比1％の矩形パルス波である。また，トーチ流量は6.0Sl/minである。数十Wの低電力で最大約1000ppmの高濃度のオゾンや酸化種を発生する。

　図4.11に示すように DBD プラズマジェットトーチを二輪車吸気管に装着すると，負圧下で発生する活性酸素種により一部の吸気の酸化力が促進され，エンジンのアイドリングおよび低速運転時には，顕著な燃費改善効果が見られた［20］。内燃機関エンジン燃焼室内で高温・高圧下の着火直前に燃料・空気混合気をプラズマ化した場合の酸化ラジカルの寿命や着火

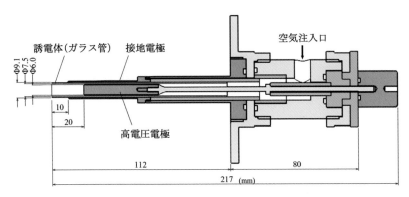

図4.10　環状円筒 DBD プラズマジェットトーチ

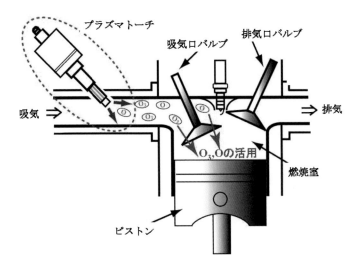

図4.11　DBD パルスプラズマジェットによるエンジン着火促進

時間短縮効果を数値シミュレーションで明らかにすることは有用である。プラズマ支援燃焼モデルは，ナノパルス放電モデルと簡素化燃焼モデルを統合する。

　ナノパルス放電解析モデルは，燃料を模擬した空気・メタン混合気を用いて，針または平面電極間のナノパルスストリーマ放電下で光電離，電子衝突反応，電子・イオン再結合反応，電子励起窒素のクェンチング，メタンの解離，エネルギー放出反応等を考慮した28種の化学種と60の化学反応から構成された２次元プラズマ化学反応モデル［21，22］により，電子，オゾンや酸素ラジカル濃度を求める。ここで，電子の輸送係数や電子衝突に関する反応速度定数は，電子に関する Boltzmann 方程式の解として得られる電子エネルギー分布関数から予め求め，換算電界強度（E/N）の関数として与える。また，イオンの輸送係数は化学種によらず等しいものとし，既存研究を参照する。ついで，53種の化学種と325の化学反応から構成される簡素化した０次元メタン燃焼モデルに空気・メタン混合プラズマで発生した O ラジカルを入力し，活性酸素種（ROS）の希薄燃焼着火遅れへの影響を明らかにする。以下に基礎方程式を示す。

　ドリフト拡散近似による電子とイオンの連続の式は，次式 (4.3), (4.4) となる。

$$\frac{\partial n_k}{\partial t} + \nabla \cdot \Gamma_k = \dot{s}_k \tag{4.3}$$

$$\Gamma_k = \mathrm{sgn}(q_k)\mu_k \boldsymbol{E} n_k - D_k \nabla n_k \tag{4.4}$$

　ここで，n_k：化学種 k の数密度，$\dot{s}_k$：生成率，Γ_k：数密度流束，D_k：拡散係数，μ_k：移動度，$\boldsymbol{E}$：電界強度，q_k：電荷である。

　また，電位 ϕ に関するポアソン方程式は，次式 (4.5) となる。

$$\nabla \cdot (\varepsilon_0 \varepsilon_r \nabla \phi) = -\sum_k q_k n_k \tag{4.5}$$

　ここで，ε_0，ε_r は，それぞれ真空の誘電率と比誘電率である。また，放電による気体加熱効果を明らかにするために，内部エネルギー保存式は，式 (4.6) となる。

$$\frac{\partial}{\partial t}\left(\rho\,\frac{1}{r-1}RT_g\right)=\eta_T\boldsymbol{j}_e\cdot\boldsymbol{E}+\boldsymbol{j}_i\cdot\boldsymbol{E}+\left(\eta_e\boldsymbol{j}_e\cdot\boldsymbol{E}-\sum_k\varepsilon_k\dot{s}_k\right)+Q_{VT}\quad(4.6)$$

また，窒素分子の平均振動エネルギー保存式は，次式 (4.7) となる。

$$\frac{\partial}{\partial t}\varepsilon_{vN2}=\eta_v\,\boldsymbol{j}_e\cdot\boldsymbol{E}-Q_{VT}\qquad\qquad\qquad(4.7)$$

ここで，T_g：気体温度，j_e：電子電流密度，j_i：イオン電流密度，Q_{VT}：振動—並進エネルギー緩和過程，η_T：気体加熱エネルギー分配率，η_e：電子励起エネルギー分配率，η_v：振動エネルギー分配率，ε_k：生成エネルギー，ε_{vN2}：窒素分子の振動エネルギーである。全ジュールエネルギーは，電子電流およびイオン電流によるエネルギー $j_e\cdot\boldsymbol{E}$ と $j_i\cdot\boldsymbol{E}$ から成る。さらに電子電流に起因したジュールエネルギーは，弾性衝突による気体の直接加熱および電子励起エネルギー，振動エネルギーに分配される。これらエネルギー分配率は，Boltzmann 方程式を解くことによって得られる。

図4.12は，電極間活性種 O(^{3}P)，CH$_3$，O$_3$，NO 濃度の時間変化を示す。ピストン上死点近傍の着火条件 10atm，600K 下で，多くのオゾンや高速電子衝突解離による O ラジカル (^{3}P) は，ストリーマ先端と換算電界が高い陽極近傍に集中して生成され，ストリーマは絞られ陰極へ向かって拡散する [22]。

図4.13は，気体温度，O ラジカル，OH ラジカルの経時変化と着火遅れ短縮を示す [22]。O ラジカルは，指数関数的に減少するが，OH ラジカルは，酸素とメタンの酸化反応より数 μ で急増し，その後減少する。O ラジカルと OH ラジカルは，10μ 秒で気体温度が 1200K から 1300K の上昇に伴い，酸化反応に消費される。着火温度を 1500K とすると，26kV のパルス放電では，約88％着火遅れが短縮する。

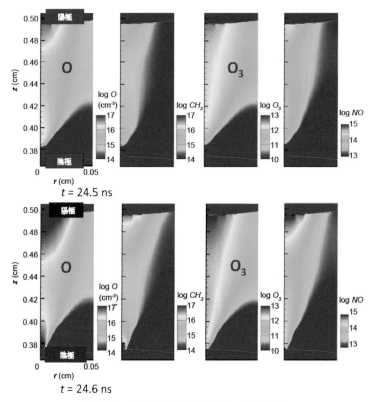

図4.12 電極間活性種濃度の時間変化

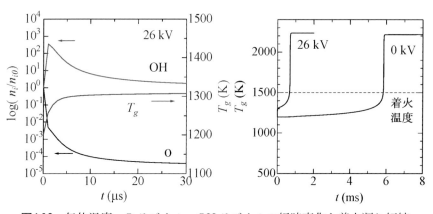

図4.13 気体温度，O ラジカル，OH ラジカルの経時変化と着火遅れ短縮

4.3 プラズマ流動と気液界面・固体表面との相互作用

4.3.1 アーク溶融プロセス

図4.14は，溶接および廃棄物の溶融固化・減容化に熱源として用いられるアーク溶融システムを示す。消費電力が大きく，電極寿命も短いことから，エネルギー効率の視点で，作動条件，陰極材質や形状の最適化がコスト面から重要となる。

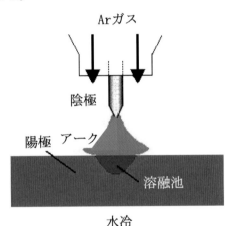

図4.14 アーク溶融システム

図4.15に示す溶融池モデルにより，アークと陽極および溶融池界面との相互作用や溶融池底面で固液共存相を考慮し，数値シミュレーションによりアーク電流や電極形状の最適条件を明らかにすることが有用である[23, 24]。

数値モデルの仮定は，アークは，定常，二次元軸対称，層流，局所熱平衡で，固液共存相の粘度は液相率の関数で，溶融池界面に働く表面張力の温度勾配に起因するマランゴニ対流は，含有硫黄濃度に依存する。また，電極からの放射や溶融・蒸発，形状変形は無視し，自己誘起磁場は，軸対称で周方向成分を有する。

基礎方程式は，質量保存則の式 (4.8)，運動量保存則の式 (4.9)，(4.10)，エネルギー保存則の式 (4.11)〜(4.13) で，アーク，電極，溶融池と固液共

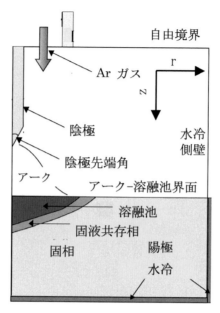

図4.15　溶融池モデル

存相を一体化した領域に電磁流体の基礎方程式を用いる [24]。溶融池に働く体積力は，ローレンツ力，せん断力，表面張力と浮力である。エネルギー保存の式では，アルゴンからの放射損失のみ考慮し局所熱平衡モデルを用い，アークと陰極および陽極間の熱流束 $\dot{q}_{W-Ar}$, $\dot{q}_{a-Ar}$ を考慮する [24]。なお，式 (4.14) は，エンタルピー h で，L は潜熱，f_L は，液相率である。電磁場に関しては，電荷保存則式 (2.5)，マックスウェルの式 (2.6) の第 4 式のアンペールの式とオームの法則の式 (2.7) を解く [23, 24]。

$$\frac{\partial \rho_{Ar,a}}{\partial t} + \frac{\partial}{\partial z}(\rho_{Ar,a}u) + \frac{1}{r}\frac{\partial}{\partial r}(r\rho_{Ar,a}v) = 0 \tag{4.8}$$

$$\frac{\partial}{\partial t}(\rho_{Ar,a}u) + \frac{\partial}{\partial z}(\rho_{Ar,a}u^2) + \frac{1}{r}\frac{\partial}{\partial r}(r\rho_{Ar,a}uv)$$

$$= -\frac{\partial p}{\partial z} + 2\frac{\partial}{\partial z}\left(\eta_{Ar,a}\frac{\partial u}{\partial z}\right) + \frac{1}{r}\frac{\partial}{\partial r}\left(r\eta_{Ar,a}\left(\frac{\partial u}{\partial r}+\frac{\partial v}{\partial z}\right)\right)$$

$$- \frac{2}{3}\frac{\partial}{\partial z}\left(\eta_{Ar,a}\left(\frac{\partial u}{\partial z}+\frac{1}{r}\frac{\partial(rv)}{\partial r}\right)\right) + j_r B_\theta + \rho_{Ar,a}g \tag{4.9}$$

$$\frac{\partial}{\partial t}(\rho_{Ar,a}v) + \frac{\partial}{\partial z}(\rho_{Ar,a}uv) + \frac{1}{r}\frac{\partial}{\partial r}(r\rho_{Ar,a}v^2)$$

$$= -\frac{\partial p}{\partial r} + \frac{\partial}{\partial z}\left(\eta_{Ar,a}\left(\frac{\partial v}{\partial z}+\frac{\partial u}{\partial r}\right)\right) + \frac{2}{r}\frac{\partial}{\partial r}\left(r\eta_{Ar,a}\frac{\partial v}{\partial r}\right)$$

$$- \frac{2}{3}\frac{\partial}{\partial r}\left(\eta_{Ar,a}\left(\frac{\partial u}{\partial z}+\frac{1}{r}\frac{\partial(rv)}{\partial r}\right)\right) - \eta_{Ar,a}\frac{2v}{r^2} - j_z B_\theta \tag{4.10}$$

アーク領域：

$$\frac{\partial}{\partial t}(\rho_{Ar}h) + \frac{\partial}{\partial z}(\rho_{Ar}hu) + \frac{1}{r}\frac{\partial}{\partial r}(r\rho_{Ar}hv)$$

$$= \frac{\partial}{\partial z}\left(\frac{\lambda_{Ar}}{C_{P_{Ar}}}\frac{\partial h}{\partial z}\right) + \frac{1}{r}\frac{\partial}{\partial r}\left(\frac{r\lambda_{Ar}}{C_{P_{Ar}}}\frac{\partial h}{\partial r}\right) + \frac{j_z^2+j_r^2}{\sigma_{Ar}}$$

$$+ \frac{5}{2}\frac{k_b}{e}\left(\frac{j_z}{C_{P_{Ar}}}\frac{\partial h}{\partial z}+\frac{j_r}{C_{P_{Ar}}}\frac{\partial h}{\partial r}\right) - Ra - (\dot{q}_{W\to Ar}+\dot{q}_{a\to Ar}) \tag{4.11}$$

電極：

$$\frac{\partial}{\partial t}(\rho_{W,a}h) = \frac{\partial}{\partial z}\left(\frac{\lambda_{W,a}}{C_{P_{W,a}}}\frac{\partial h}{\partial z}\right) + \frac{1}{r}\frac{\partial}{\partial r}\left(\frac{r\lambda_{W,a}}{C_{P_{W,a}}}\frac{\partial h}{\partial r}\right) + \frac{j_z^2+j_r^2}{\sigma_{W,a}}$$

$$+ (\dot{q}_{W\to Ar}+\dot{q}_{a\to Ar}) \tag{4.12}$$

溶融池および固液共存相：

$$\frac{\partial}{\partial t}(\rho_a h) + \frac{\partial}{\partial z}(\rho_a hu) + \frac{1}{r}\frac{\partial}{\partial r}(r\rho_a hv)$$

$$= \frac{\partial}{\partial z}\left(\frac{\lambda_a}{C_{P_a}}\frac{\partial h}{\partial z}\right) + \frac{1}{r}\frac{\partial}{\partial r}\left(\frac{r\lambda_a}{C_{P_a}}\frac{\partial h}{\partial r}\right) + \frac{j_z^2+j_r^2}{\sigma_a} + \dot{q}_{a\to Ar} \tag{4.13}$$

$$h = \int_0^T C_{P_{Ar,a,w}}dT + f_L L \tag{4.14}$$

固相，固液共存相，液相の温度による定義と境界条件は，式 (4.15)～ (4.17)で，溶融池界面では，アークせん断力が溶融池のせん断力および温

度と硫黄濃度の関数である表面張力勾配と釣り合っている [24]。

固相：

$$\left.\begin{array}{l} T_a < T_{solidus} \\ f_L = 0, \quad u = v = 0 \end{array}\right\} \quad (4.15)$$

固液共存相：

$$\left.\begin{array}{l} T_{solidus} \le T_a \le T_{Liquidus} \\ f_L = \dfrac{T_a - T_{solidus}}{T_{liquidus} - T_{solidus}} \\ u_a = 0, \quad -\eta_a \dfrac{\partial v_a}{\partial z} = -\eta_{Ar} \dfrac{\partial v_{Ar}}{\partial z} + \dfrac{\partial \gamma}{\partial T} \dfrac{\partial T}{\partial r} \end{array}\right\} \quad (4.16)$$

液相：

$$\left.\begin{array}{l} T_{Liquidus} < T_a, \ f_L = 1 \\ u_a = 0, \quad -\eta_a \dfrac{\partial v_a}{\partial z} = -\eta_{Ar} \dfrac{\partial v_{Ar}}{\partial z} + \dfrac{\partial \gamma}{\partial T} \dfrac{\partial T}{\partial r} \end{array}\right\} \quad (4.17)$$

図4.16(a)，(b) は，アーク電流が50A，150A の時のアーク内温度分布の計算と実験の比較を示す [23]。アーク内の温度分布は，熱非平衡性のあるアーク電流50A でのアーク外縁部と150A での陰極先端下部を除けば，実験値と定量的に一致している。

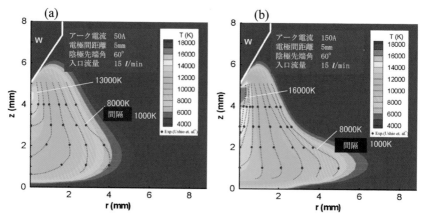

図4.16　アーク内温度分布の計算と実験の比較

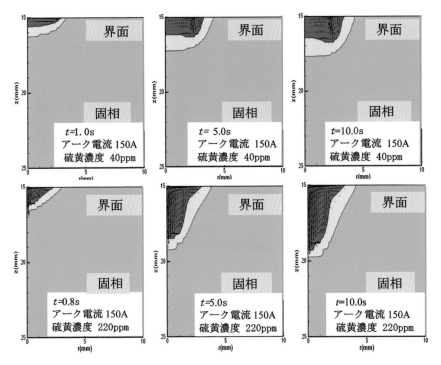

図4.17　硫黄濃度による溶融池断面形状の経時変化

　図4.17は，硫黄濃度による溶融池断面形状の経時変化を示す［24］。同じ作動条件でも，溶融池界面での表面張力の温度勾配により溶融池の断面形状が低硫黄濃度（上図）では水平方向に浅掘り，高硫黄濃度（下図）では垂直方向に深掘りとなる。

　図4.18は，高硫黄濃度下で溶融池断面形状の計算と実験との比較を示す［24］。溶融池断面形状は，固液共存相を考慮することによりX線による可視化実験結果とより一致する。

　図4.19は，アーク電流Iによる消費電力Pと陽極への熱入力q_{anode}，熱効率ζ_{eff}との関係を示す［24］。ここで，熱効率は，消費電力に対する陽極への熱入力とジュール熱の合計の割合を示す。アーク電流が増加すると消費電力と陽極への熱入力が直線的に増加するが，放射損失と電極電圧降下の増加のため熱効率は減少する。

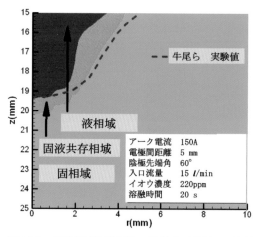

図4.18 溶融池断面形状の計算と実験との比較

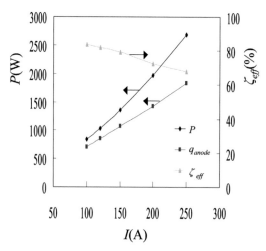

図4.19 アーク電流による消費電力，熱入力，熱効率の変化

　図4.20は，陰極先端角 θ による溶融池断面積 A の変化を示す [24]。陰極先端角の増加に伴い，陰極先端近傍の電流集中が弱くなり，消費電力や陽極への熱入力は減少するが，高硫黄濃度で陰極先端角が60°の時，陽極への熱輸送が活発で溶融断面積が最大となる。

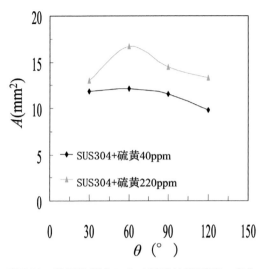

図4.20　陰極先端角による溶融池断面積の変化

4.3.2　小型ガス遮断器の冷却性能向上

　電気回路で短絡や落雷の時，非導電性ガス SF$_6$ を高速でアークに吹き
つけ，大電流を遮断するガス遮断器では，大電流遮断時の過渡回復電圧
（TRV）発生により，高温になった排筒出口で再放電（地絡）が見られ
る。近年，地下設置や地球温暖化係数の大きな絶縁ガス SF$_6$ の消費量を
少なくするためにガス遮断器の小型化が求められている。しかし，図4.21

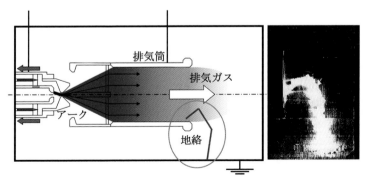

図4.21　小型ガス遮断器

に示すように小型ガス遮断器では，排気筒冷却体積の減少により，短時間で排気内高温 SF$_6$ ガスが十分に冷却されない。よって，過渡回復電圧発生時に高温下で低い絶縁破壊電界強度のため容易に地絡しやすくなることから，絶縁耐性向上のため排気筒内高温ガスの効果的な急速冷却が要求されている。小型実機試験で排気筒内壁に粗さ構造を設けることにより地絡が回避でき，絶縁性向上が得られた。これは，アークによる高温排気流と固体壁面との熱交換相互作用を促進したものである。アーク排気流は，電磁場効果を考慮しない高温気流で，圧縮性，乱流とし，局所熱平衡で光学的に薄いと仮定する。SF$_6$ ガスの輸送係数は，温度と圧力の関数である。

　解析モデルは，実機形状，排気筒入口での実機の質量流量，圧力，温度の実時間条件を与える現実強化モデルを採用し，ガス遮断器シミュレータを構築する [25]。基礎方程式は簡素化を図るために，電磁場効果を無視した高温ガスとして連続の式 (4.18)，ナビエ・ストークスの式 (4.19)，内部エネルギー e に関するエネルギーの式 (4.20) の生成項にアーク生成熱 Q_{arc} を与える。ただし，アーク生成効率は，経験的に消費電力の55％と仮定する。また，式 (4.21) は，状態方程式である。

$$\frac{\partial \rho}{\partial t} + \frac{\partial}{\partial z}(\rho u) + \frac{1}{r}\frac{\partial}{\partial r}(r\rho v) = 0 \tag{4.18}$$

$$\left.\begin{aligned}
&\frac{\partial}{\partial t}(\rho u) + \frac{\partial}{\partial z}(\rho u^2) + \frac{1}{r}\frac{\partial}{\partial r}(r\rho uv) \\
&\quad = -\frac{\partial p}{\partial z} + \frac{\partial}{\partial z}\tau_{zz} + \frac{1}{r}\frac{\partial}{\partial r}(r\tau_{rz}) \\
&\frac{\partial}{\partial t}(\rho v) + \frac{\partial}{\partial z}(\rho uv) + \frac{1}{r}\frac{\partial}{\partial r}(r\rho v^2) \\
&\quad = -\frac{\partial p}{\partial r} + \frac{\partial}{\partial z}\tau_{rz} + \frac{1}{r}\frac{\partial}{\partial r}(r\tau_{rr}) - \frac{\tau_{\theta\theta}}{r}
\end{aligned}\right\} \tag{4.19}$$

$$\left.\begin{aligned}
&\frac{\partial e}{\partial t} + \frac{\partial}{\partial z}\{(e+p)u\} + \frac{1}{r}\frac{\partial}{\partial r}\{r(e+p)v\} \\
&\quad = \frac{\partial}{\partial z}\left(\lambda\frac{\partial T}{\partial z}\right) + \frac{1}{r}\frac{\partial}{\partial r}\left\{r\left(\lambda\frac{\partial T}{\partial r}\right)\right\} + \Phi_D - Q_r + Q_{arc}
\end{aligned}\right\} \tag{4.20}$$

$$p = \rho RT \tag{4.21}$$

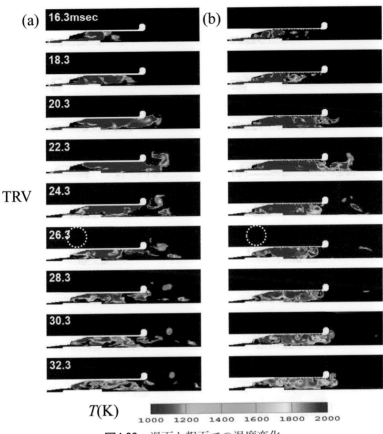

図4.22 滑面と粗面での温度変化

(a) 滑面　　(b) 粗面

　図4.22(a)，(b)は，滑面と粗面での温度変化を示す［25］。0ms にアーク発生，24.3ms に過渡回復電圧（TRV）が発生する。特に，22.3〜24.3 ms では，排気筒内面に粗さ構造を有する場合，滑面の場合に比較して排気ガスが壁面からはく離して，排気筒内ガスと排気筒外周囲ガスとの差圧により，排気筒出口下流の低温の周囲気体が壁面近傍に沿って強く誘引されることにより冷却される。また，2000K の高温渦塊が再放電しやすい排気筒出口舌部から速やかに下流に乱流拡散する。

　図4.23(a)，(b)は，排気筒出口温度の計算と実験との比較を示す［25］。

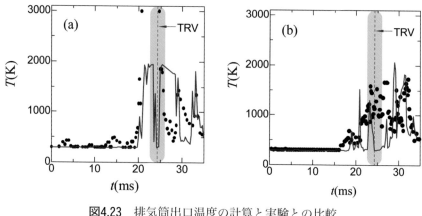

図4.23 排気筒出口温度の計算と実験との比較

(a) 滑面　　(b) 粗面

粗面排気筒 (b) の場合，滑面排気筒 (a) に比べ，過渡回復電圧発生直後で排気筒壁面からの高温ガスのはく離および壁面近傍で高温ガスと排気筒出口下流周囲から誘引された低温ガスとの混合促進により著しく温度が減少し，その後の温度変化は実験値と定量的に一致する。

図4.24(a)，(b) は，排気筒出口近傍の絶縁耐性を示す [25]。粗面排気筒 (b) では，排気ガスが冷却されやすいので，大電流遮断時に排気筒出口近傍の温度が低下することにより絶縁耐性が向上する。すなわち，排気筒

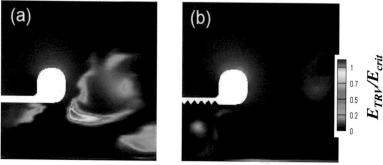

図4.24 排気筒出口近傍の絶縁耐性

(a) 滑面　　(b) 粗面

出口近傍での SF₆ の絶縁破壊電圧（E_{crit}）が過渡回復電圧（E_{TRV}）より全
領域で大きくなり，地絡しにくくなる。

4.3.3　DBD 支援 DC アークジェットによる材料表面改質
　図4.25は，表面改質用 DBD 支援 DC アークジェットシステムを示す
[26]。熱源および電子供給源として非移行型アークジェットを上流側に発
生させ，下流にあるラジカル供給源としての円筒状 DBD プラズマを高機
能化する。DC ノズル径は 5mm，DBD 反応炉は内径 10.5mm，厚み 1.5
mm の石英管，内外壁に径 1mm 銅線を20回螺旋状に巻き付ける。ただ
し，DBD 反応炉は，DC アークからの電気的干渉と熱損傷を最小限にす
るために DC トーチから下流 130〜180mm，銅基材は 140mm に設置す
る。DBD プラズマは，内部螺線電極と誘電体石英管の間の 0.5mm の環
状隙間に生成される。なお，内壁電極の外径は 10.0±0.5mm である。作

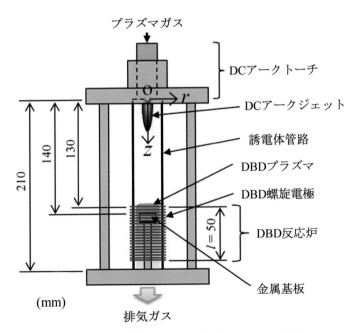

図4.25　DBD 支援 DC アークジェットシステム

DC アーク

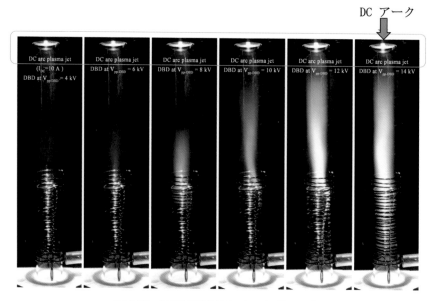

図4.26 DBD 支援 DC アークジェット

動条件は，DC アークジェットは 24V，10A，DBD は 4～14kV$_{pp}$，50Hz
正弦波，作動圧力は大気圧で，アルゴンガス 5Sl/min である。

　図4.26は，DBD 支援 DC アークジェットの写真を示す［26］。アーク
ジェットの先端と DBD 反応炉上部との間にグロー柱が形成される。DBD
電圧が 4～14kV に増加すると荷電粒子が高電界により加速し，発光領域
が伸長し半径方向にも拡がる。

　図4.27は，処理時間 2 分後の DBD 電圧 $V_{pp\text{-}DBD}$による銅基板表面自由
エネルギー Es の変化を示す［26］。DBD 支援 DC アークジェットで
10kV$_{pp}$印加時は，DC アークジェット単独よりも銅基板の表面エネルギー
が1.5倍増加する。これは，グロープラズマ柱が DC アークで生成された
イオンと電子を DBD 反応炉に有効に輸送し，金属表面改質のための電荷
量が最大になり，DBD プラズマ流が最も活性化すると考えられる。

　図4.28は，プラズマ表面処理による銅基板表面原子濃度 C_a を示す。基
板表面の酸素原子濃度は，DBD プラズマ流単独，DC アークジェット単

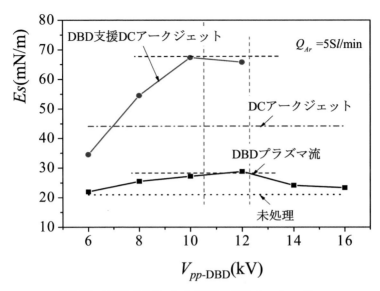

図4.27　DBD電圧による基板表面自由エネルギー

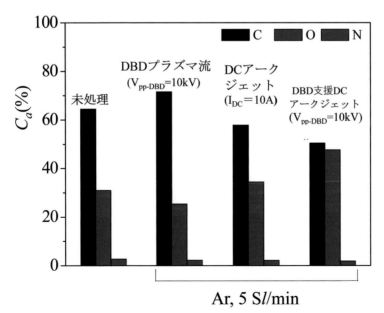

図4.28　プラズマ表面処理による基板表面原子濃度

独，DBD 支援アークジェットの順で増加しており，基板表面の濡れ性の変化を示唆している。

　図4.29は，プラズマ表面処理による銅基板表面の濡れ性の変化を示す[26]。図4.28に示した酸素濃度の変化に対応して，未処理の銅基板上の水滴の接触角は94.8°だが，2分間の DBD 支援 DC アーク処理では，水滴の接触角が最小40°で，濡れ性が最大となることを示している。

図4.29　プラズマ表面処理による基板表面の濡れ性の変化

5. 混相プラズマ流動

5.1 微粒子プラズマ流動

　プラズマ溶射やコールドスプレーでは，熱プラズマ流あるいは非熱ジェット中に数十マイクロ径の金属あるいはセラミック微粒子を分散させる。また，ナノ粒子創製では，熱プラズマ流中に分散した数十マイクロ程度の微粒子を高温場で蒸発させ，下流で急冷（クェンチ）することにより生成された核を種としてナノ粒子が創製される。これらの飛行粒子プロセスでは，飛行粒子速度，飛行粒子温度が重要因子になる [27，28]。

　熱プラズマ流に分散した微粒子は，プラズマ流と運動量を交換し，加速または減速しながら飛行し，さらに熱プラズマ流と熱交換をし，溶融，蒸発，凝固の相変化を伴う。すなわち，相変化を伴う固気混相流動である。

　一方，非熱プラズマ流は，低消費電力放電で容易に活性種（ラジカル）が生成されるために，分散微粒子表面との表面反応を伴うのが特徴で，反応性微粒子創製や汚染微粒子表面浄化への応用がある。

5.1.1　プラズマ溶射の電磁場制御

　プラズマ溶射プロセスは，均質で空隙率（ポロシティ）が小さく基板との接合強度の強い成膜形成が重要である。成膜プロセスの操作量は，投入電力，ガス流量，粒子材質や粒子径，粒子供給量，基板材質および基板冷却条件等数多くあり，高品質成膜プロセス制御は，複雑である。プラズマ溶射プロセスは，プラズマ流による微粒子の加速・加熱過程，溶融液滴の基板への衝突によるスプラット変形凝固過程や多数の凝固粒子が基板上で積層する3つの過程で構成される。その物理現象の解明や溶射条件の最適化のためには，数値実験が有効である [27，28]。電磁流体力学効果を考慮した微粒子プラズマジェットモデルとセラミックスプラット形成モデル，さらにスプラット積層による皮膜形成モデルによる統合モデルがある [28]。なお，粒子径，粒子の融点，粒子衝突速度，粒子衝突温度，基板融

点が重要パラメータである。

　図5.1に示すように，プラズマジェットに金属やセラミックスのマイクロ粒子を注入し，溶融加速して基板上で凝固成膜する電磁場制御型プラズマ溶射プロセスは，デバイス用機能性薄膜や耐熱・耐摩耗性皮膜の成膜が期待できる。プラズマ流動は，式 (5.1) に示すように，電磁場効果としてローレンツ力 $\boldsymbol{j} \times \boldsymbol{B}$ およびジュール熱 $\boldsymbol{j} \cdot \boldsymbol{E}$ によりそれぞれプラズマ流速 $\boldsymbol{u}$ と温度 T を決定する［27，28］。

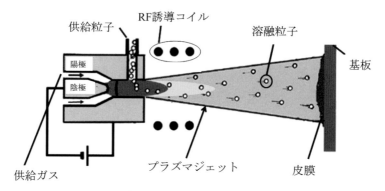

図5.1　電磁場制御型プラズマ溶射モデル

$$
\left.
\begin{aligned}
&\frac{\partial \rho}{\partial t} + \nabla \cdot (\rho \boldsymbol{u}) = 0, \\
&\frac{\partial (\rho \boldsymbol{u})}{\partial t} + \nabla \cdot (\rho \boldsymbol{u} \cdot \boldsymbol{u}) = -\nabla p + \nabla \cdot \bar{\bar{\tau}} + \boldsymbol{j} \times \boldsymbol{B} \\
&\frac{\partial}{\partial t} e + \nabla \cdot [(e+p)\boldsymbol{u}] = \nabla \cdot (\lambda \nabla T) + \Phi_D + \boldsymbol{j} \cdot \boldsymbol{E} - Q_r,
\end{aligned}
\right\}
\quad (5.1)
$$

　ここに，電場の強さ $\boldsymbol{E}$，磁束密度 $\boldsymbol{B}$ や電流密度 $\boldsymbol{j}$ は，マックスウェルの式 (2.6) やオームの法則式 (2.7) から求める。一方，プラズマジェット中の 1 個の飛行粒子速度 $\boldsymbol{u}_p$ や粒子温度 T_p は，それぞれ式 (5.2)，式 (5.3) に示すように電磁場下でプラズマジェットと直接的な運動量交換およびエネルギー交換により決定される。

$$m_p \frac{d\boldsymbol{u}_p}{dt} = \frac{\pi}{8} d_p^2 \rho C_D (\boldsymbol{u} - \boldsymbol{u}_p) |\boldsymbol{u} - \boldsymbol{u}_p|, \tag{5.2}$$

$$m_p c_p \frac{dT_p}{dt} = \pi d_p^2 [h_f (T_\infty - T_p) - \varepsilon_p \sigma_s (T_p^4 - T_a^4)] \tag{5.3}$$

$$(T_p < T_{pm} \text{ または } T_{pm} < T_p < T_{pb})$$

ここで，d_p, m_p, C_p, T_{pm}, T_{pb}, ε_p, σ_s は，それぞれ粒子径，粒子質量，定圧比熱，粒子融点，粒子沸点，粒子放射率，ボルツマン定数である。粒子抵抗係数 C_D や熱伝達率 h_f は，粒子境界層内の温度に依存した物性値を考慮している [27, 28]。また，プラズマ溶射では，粒子が蒸発しないで完全溶融液滴状態で基板に衝突することが必要条件で，溶融，蒸発判定条件を次式 (5.4) に示す。

$$\left.\begin{aligned}
\int_0^t Q_n dt &\geq m_p \int_{T_0}^{T_{pm}} c_p \, dT + m_p L_{pm} \equiv Q_{pm} (T_p \geq T_{pm}), \\
\int_0^t Q_n dt &\geq Q_{pm} + m_p \int_{T_{pm}}^{T_{bm}} c_p \, dT + m_p L_{pb}
\end{aligned}\right\} \tag{5.4}$$

ここで，L_{pm}, L_{pb} は，粒子溶融潜熱，粒子蒸発潜熱である。

誘導電磁場 $\boldsymbol{E}, \boldsymbol{B}$ の式 (5.5) は，ベクトルポテンシャル $\boldsymbol{A}$ の方程式と，それより導出された誘導電磁場である。

$$\left.\begin{aligned}
\nabla^2 \boldsymbol{A}_c - i\mu_0 \sigma\omega\boldsymbol{A}_c = 0, \quad \boldsymbol{E}_c = (0, 0, -i\omega A_\theta), \\
\boldsymbol{B}_c = \left(\frac{1}{r}\frac{\partial}{\partial r}(rA_\theta), -\frac{\partial A_\theta}{\partial z}, 0\right)
\end{aligned}\right\} \tag{5.5}$$

ここで，$\boldsymbol{A}(\boldsymbol{r}, t) = \boldsymbol{A}_c(\boldsymbol{r})e^{i\omega t}$, $\boldsymbol{B}(\boldsymbol{r}, t) = \boldsymbol{B}_c(\boldsymbol{r})e^{i\omega t}$, $\boldsymbol{E}(\boldsymbol{r}, t) = \boldsymbol{E}_c(\boldsymbol{r})e^{i\omega t}$

基板上で凝固を伴う 1 個 1 個のスプラットの積層により，皮膜厚さ分布を求める [28]。作動条件は，DC10kW，RF コイル 300A，13.56MHz，Ar0.1g/s，背圧 50kPa，20，30，40μm 径のアルミナ粒子，基板距離 70mm である。

図5.2(a)，(b) は，作動圧による基板に衝突するプラズマジェットの等速度線図を示す [27]。50kPa の減圧下では，プラズマジェットは膨張加速し，超音速流になる。

図5.3(a)，(b) は，電磁場（RF コイル）の有無によるプラズマジェット

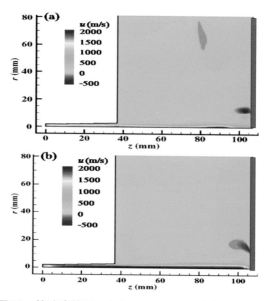

図5.2　等速度線図：(a) $p=100\mathrm{kPa}$　(b) $p=50\mathrm{kPa}$

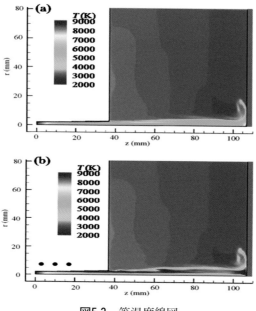

図5.3　等温度線図

(a) RF 無し，$p=50\mathrm{kPa}$；(b) RF 有り，$p=50\mathrm{kPa}$

の等温度線図を示す［27］。流速が 2,000m/s を越える高速領域はあるが，高周波電磁場をノズル部に印加すると，ジュール加熱により基板に衝突するまでに 9,000K 以上の広い高温領域が存在し，高速飛行微粒子の溶融促進が期待できる。

　図5.4は，高周波電磁場の有無による衝突粒子速度 u_{p0} の半径方向分布を示す［28］。衝突粒子速度は，ローレンツ力により加速されたプラズマジェットからの運動量交換により，高周波電磁場下では半径方向で 4～10％増速する。また，プラズマジェットの外縁から雰囲気ガスの誘引により，衝突粒子速度は基板中心から外側に10～18％減少する。

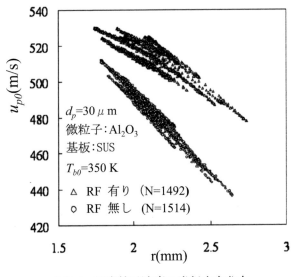

図5.4　衝突粒子速度の半径方向分布

　図5.5は，衝突粒子温度 T_{p0} の半径方向分布を示す［28］。高周波電磁場の印加でプラズマジェットのジュール加熱により，粒子温度が20～30％も増加し，粒子速度の加速効果より電磁場効果が顕著である。特にプラズマジェットの外縁にある粒子は，滞留時間が長いために，沸点に達する。

　図5.6は，スプラット積層モデルを用いたトーチに高周波電磁場印加による膜厚半径方向分布 h_c を示す［28］。粒径 $40\mu m$ は，慣性力で粒子注入

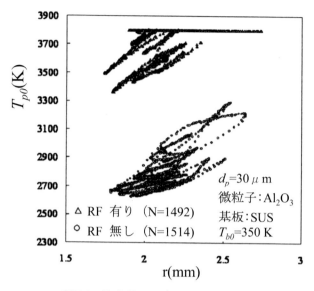

図5.5　衝突粒子温度の半径方向分布

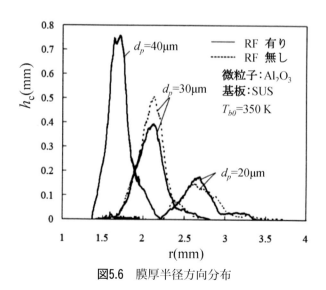

図5.6　膜厚半径方向分布

部からよりプラズマジェット中心部に貫入し，基板中心近くに成膜する。また，RF 誘導電磁場のジュール熱により飛行粒子が溶融促進され，$30\mu m$では基板上で拡がり，最大膜厚は30％減少し，$40\mu m$ でも RF 電磁場下では完全溶融するので十分に成膜する。

5.1.2　超音速ジェット中飛行微粒子の静電加速

図5.7に示すように，金属および合金のナノ・マイクロ粒子を超音速ジェット中に注入し，基板に高速で衝突させ，付着積層させる超音速微粒子ジェット加工（コールドスプレー）がプラズマ溶射にかわる非熱成膜プロセス技術として，近年注目を集めている［29，30］。

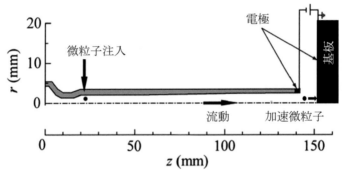

図5.7　超音速ジェット中ナノ・マイクロ粒子静電加速システム

　粒子の基板への付着効率増加のためには，低消費エネルギーでなるべく多くの飛行微粒子の基板への衝突速度を基板に付着するための臨界衝突速度 v_{cr} よりも充分に大きく加速することが必要である。式（5.6）に示す粒子の運動方程式のように，粒子加速の駆動源は，流体から受ける希薄気体効果と圧縮性効果を考慮した抗力係数 C_D に基づく式（5.7）に示す抗力と式（5.8）に示す静電気力である［30，31］。なお，粒子に働く他の体積力は，文献［31］を参照されたい。

$$m_p\frac{d\boldsymbol{u}_p}{dt}=\boldsymbol{F}_{drag}+\boldsymbol{F}_{elect} \tag{5.6}$$

$$F_{drag} = \frac{\pi}{8} d_p^2 \rho C_D (\boldsymbol{u} - \boldsymbol{u}_p) |\boldsymbol{u} - \boldsymbol{u}_p| \tag{5.7}$$

$$F_{elect} = q_p \boldsymbol{E} + \frac{q_p^2}{16\pi\varepsilon_0 a} \boldsymbol{n} \tag{5.8}$$

ここで，q_p は粒子帯電電荷量，a は粒子と基板との距離，ε_0 は粒子誘電率である。

粒子径がナノスケールになると，希薄気体効果により，超音速ジェットからの運動量交換が減少し，飛行粒子が十分に加速できなくなる。また，衝突基板前方では，衝撃波が形成されるため，慣性力の小さなナノ粒子は衝撃波を貫通して基板に衝突できないか，臨界衝突速度より減速して基板に付着できない。そこで，図5.7に示すように，ノズル出口と基板間でコロナ放電させ，ナノ粒子を帯電することにより，式(5.8)の静電気力 F_{elect} により粒子を直接加速する。ここで，式(5.8)の第二項は，鏡像力による影響であり，粒子帯電電荷量 q_p は，導電性粒子への荷電粒子の衝突による帯電のみを考慮し，Pauthenier の式から算出した［30，31］。

図5.8は，マイクロからナノの粒子径に対してノズル内から基板衝突ま

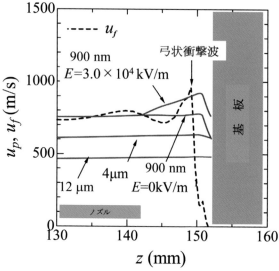

図5.8 飛行粒子速度と気流速度

での飛行粒子速度と気流速度の軸方向変化を示す [31]。粒子径によらず，粒子軌道はほぼ同じで，r=0 近くで基板に衝突する。気流速度 u_f は，基板直近に発生する弓状衝撃波により，980m/s から 0m/s に急激に減速する。全ての粒子径の粒子は，衝撃波を貫通する。特に 900nm の粒子が最高速度に達するが，衝撃波との強い干渉により衝突粒子速度の減速が著しい。そこで，衝撃波の上流で強電場を印加し，粒子を効果的に静電加速すれば，衝突粒子速度の減速が抑制され，粒子付着臨界衝突速度を超え基板に付着することができる。

　図5.9は，静電気力の有無による粒子径に関する基板衝突速度を示す [31]。1.5μm 以下の粒子では，粒子注入速度が30m/s 場合，粒子衝突速度は，粒子径が小さくなるにつれて減少する。これは，より小さな粒子ほど慣性力が小さく，粒子と衝撃波の相互作用により減速されるからである。しかし，強電場を印加すると，直接粒子に静電気力が働くため，1.5μm 以下の粒子では約20〜40％静電加速される。静電加速効果は，ナノ粒子（サブミクロン）ほど顕著であることにより，衝撃波発生下でも静電場

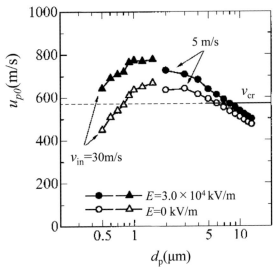

図5.9 粒子衝突速度への静電加速効果

によるナノ粒子の基板への付着効率の増加が示唆される。すなわち、微粒子の静電加速により機能性成膜プロセスや微小空孔充填および歯科治療への応用が期待できる。

図5.10は、基板上に成膜される膜厚分布 h_s への静電効果を示す [31]。ここで、各々形成されたスプラットの高さ h_s は、粒子径 d_p、粒子速度 u_p、粒子密度 ρ_p、基材のブリネル硬さ B、スプラット偏平率 f を用いて次式 (5.9) で表せる。

$$h_s = \frac{1}{3}\left(2 - \frac{4 \times 10^{-8}}{B}\rho_p u_p^2\right)\frac{d_p}{f^2} \qquad (5.9)$$

印加電場強度の増大につれて、より大きな静電加速により付着臨界衝突速度を越える銅粒子数が増加し、スチール基板への付着量が飛躍的に増大し、半径方向にも成膜領域が拡大する。よって、マイクロスケールの微粒子の静電加速による粒子付着率向上および電場による膜厚分布の制御の有効性を示し、コールドスプレーの作動範囲を拡大する。

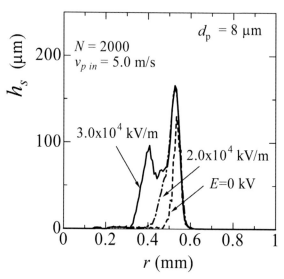

図5.10　膜厚分布への静電効果

5.1.3　高周波誘導プラズマ流動によるナノ粒子創製プロセス

　図5.11は，ナノ粒子創製用高周波誘導プラズマを示す。高周波誘導電場により，再循環領域を有する大きな体積のプラズマを発生させることができるので，プラズマと微粒子との相互作用や化学反応には適している。

　10,000K 以上の高周波誘導プラズマ流中に金属微粒子を注入し，式(5.3)でプラズマ流からの熱エネルギー交換による過飽和蒸発下においてマイクロ秒オーダーで局所的に急冷し，凝縮および核生成することにより，金属や合成ナノ粒子を創製するプロセスは，極限環境下で相変化を伴う固気混相流である。

　プロセスにあたって特にナノ粒子径分布や粒子数密度と放電形態，周波数，注入ガス流量等の作動条件等との相関を明らかにすることが重要となる。前述のプラズマ流の基礎方程式 (2.1)〜(2.4) や誘導電磁場の式 (5.5) の他に成分保存式も必要となる［32］。

　一方，ナノ粒子創製に関する基礎式は，以下となる。反応炉で過飽和蒸発下での均一核生成速度から得られるナノ粒子数密度は，次式 (5.10) となる［32］。

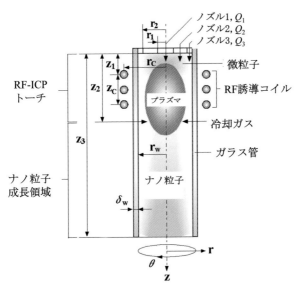

図5.11　ナノ粒子創製用高周波誘導プラズマ

$$J = \frac{\beta_{11} n_s^2 S}{12} \sqrt{\frac{\Theta}{2\pi}} \exp\left(\Theta - \frac{4\Theta^3}{27(\ln S)^2}\right)$$

$$\Theta = \frac{\sigma s_1}{kT} \qquad\qquad (5.10)$$

ここで，Θ は表面張力，S は過飽和度，β は衝突頻度関数である。なお，T はプラズマ温度で，ナノ粒子数密度の決定因子である。

また，蒸気は，核やナノ粒子表面に不均一凝縮する。希薄気体効果を考慮し，蒸気から凝縮相への正味分子束からナノ粒子の成長速度は，次式 (5.11) となる。

$$\frac{d(d_p)}{dt}$$

$$= \frac{2Dv_m(n_1 - n_s)}{d_p}\left\{\frac{1 + K_n}{1 + 1.7K_n + 1.333K_n^2}\right\} \qquad (5.11)$$

ここで，v_m はモノマーの体積，D，d_p，n，K_n は，それぞれ拡散係数，粒子径，粒子数密度およびクヌーセン数である。式 (5.10)，(5.11) より，プラズマの熱流動場がナノ粒子径分布の決定因子で，ナノ粒子輸送および採取のための重要因子となる。

図5.12(a)，(b) は，同じ消費電力下で高周波誘導プラズマ流 (RF-ICP) と RF-ICP に DC プラズマジェットを付加した場合の熱流動場を示す [32]。RF-ICP 流では，半径方向ローレンツ力のピンチにより，コイル領域の上流に再循環領域が，また表皮効果による高温領域が壁近傍に存在する。一方，右図の DC プラズマジェットを付加すると，軸方向の運動量の増加により高温領域がわずかに縮小し，軸方向の運動量がピンチ効果に勝り，再循環領域が消失し，流動場が大きく変化する。

図5.13(a)，(b) は，RF-ICP の印加周波数による熱流動場の変化を示す [32]。13.56MHz では，表皮効果によりジュール加熱は壁面近傍に集中するため，高温領域は RF コイル領域の壁近傍に存在する。3MHz では，ジュール加熱は壁面から中心領域に浸透し，温度分布が管半径方向に緩やかになる。また，強い半径方向ローレンツ力によりコイル上流部に再循環

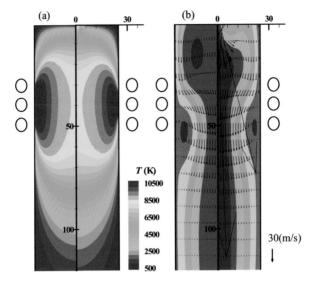

図5.12 熱流動場（a）温度場（b）流動場
（左：RF-ICP，右：DC 付加の場合）

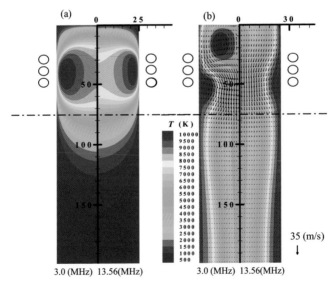

図5.13 RF-ICP 熱流動場への周波数効果
（a）温度場 （b）流動場

領域が形成され，狭い中心領域流路では軸方向速度が増速する。したがって，粒子創製管入口での中心軸近傍では，より高速な冷却速度が得られる。一方，13.56MHzでは表皮効果による半径方向ローレンツ力が壁面近傍のみに限定され，再循環領域は消失する。その結果，入口付近の速度の半径方向分布は緩やかな変化になる。すなわち，RF-ICP流の熱流動場は，印加周波数によって顕著に制御できる。

　図5.14は，チタンとアルミニウムの粒子径分布 d_p を示す［32］。両者とも RF-ICP 流に DC ジェットを付加（RF-ICP＋DC）すると，より小さな粒子が数多く生成される。これは図5.12で示したように，DC ジェットを付加すると，軸方向速度が増速するのに伴い，冷却速度が増加することに起因する。よって，高速な冷却により小さな核生成が活発になる。DC を付加した RF-ICP 流では，より多くの核が生成され同時に多くの蒸気を消費する。すなわち，より少ない蒸気が個々の核生成に対して消費されることになる。

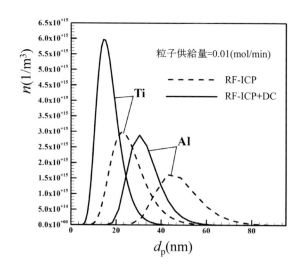

図5.14　粒子径分布（RF-ICP，DC 付加の場合）

　図5.15は，鉄粒子径累積率 Cum に関して，一次元モデルと実験結果との比較を示す［32，33］。本モデルの平均粒径は約 30nm を示し，実験値は緩やかな粒子径分布である。しかし，実験では，原料粒子の粒度分布や

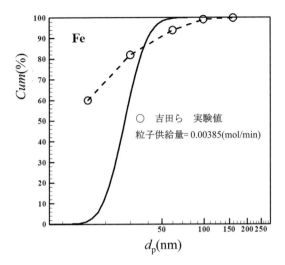

図5.15 粒子径累積率の計算と実験との比較

プラズマフレームの揺動，さらには，金属ナノ粒子の凝集があり，本モデルは，上記を考慮していないが，第0近似的には満足できる。

5.1.4 DC-RFハイブリッドプラズマ流動による微粒子球形化プロセス

図5.16に示すDC-RFハイブリッドプラズマ流動システムは，清浄かつ反応性に富み，プラズマ体積が大きな高周波誘導プラズマ（RF-ICP）と放電が容易で運動量輸送が大きなDCジェットを組み合わせた微粒子プロセス用である。低消費電力でも，電気的な作動条件を変えずにプラズマガス，シースガス，クェンチガス，旋回流等の注入流量や流量変動，水滴注入の流動条件の最適な操作により，粒子の溶融や凝集過程に影響を与え，プロセス粒子形状や粒子径分布を制御可能である［34，35］。

図5.17は，DCアルゴンプラズマジェット形成ガスの流量に低周波正弦変動を与えた場合を示す。トーチ内各光センサー（PD1〜PD4）でプラズマからの放射光変動を計測する。プラズマ放射光変動は，プラズマ流動変動に対応すると見なせる。

図5.18(a)，(b)は，粒子供給の有無下で中心ガス流量変動によるアーク電圧 V，アーク電流 I 特性や放射光強度 I_r の変動を示す［34］。中心ガス

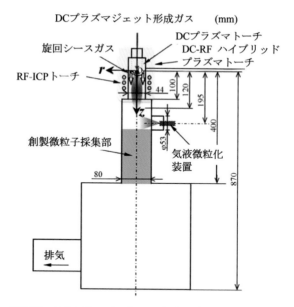

図5.16 DC-RF ハイブリッドプラズマ流動システム

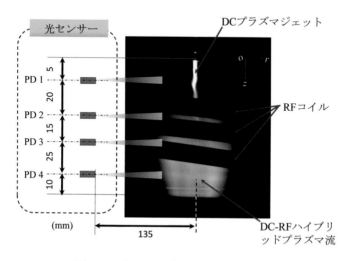

図5.17 中心ガス変動とプラズマ流動

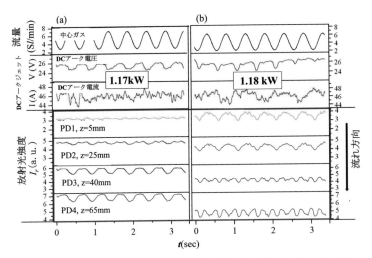

図5.18 中心ガス流量変動による放電電圧・電流と放射光変動
(a) 粒子無し　　(b) 粒子有り

流量変動40％，2Hz の正弦波の時，アーク電圧変動はほぼ周期的である
が，アーク電流変動は非周期的である。流動変動に対応して放射光強度変
動もほぼ周期的だが，粒子を注入した場合，プラズマの熱が飛行粒子に活
発に輸送され，RF 領域下流では著しく発光強度が減少し，粒子供給量も
変動するため変動周波数は増加する。

　図5.19(a)−(h) は，中心ガス流量が5Sl/min で，流入流量変動による放
射光強度の相対変化を示す [34]。上図は平均値，下図は標準偏差を示す。
数 Hz で±20％の流量変動の場合，定常流（f_c＝0Hz）に比べ，プラズマ
ジェットが軸方向に伸縮を繰り返す。これにより混合が促進され，プラズ
マ流と注入粒子の活発な熱交換が期待できる。

　図5.20は，中心ガス流量変動による z＝120mm で採取した粒子球形化
率 S_R を示す [34]。入口中心ガス流量に低周波変動を与えるとプラズマ
流と粒子間の熱交換が活発となり，粒子の溶融が促進され，中心ガスが
2Hz で20％の流量変動の場合40％と比べ，図5.21(a)，(b) の粒子球形化写
真のように定常流の粒子球形化率が90％から最大99％に増加する。なお，
図中の赤丸内の粒子は，未溶融の非球形粒子を示す [34]。

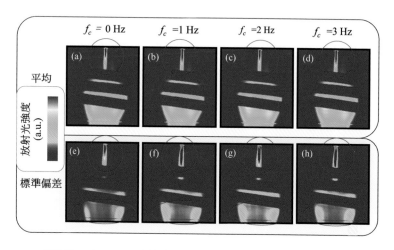

図5.19 中心ガス流量変動による放射光強度の相対的変化
(a)－(c)，(e)－(g)：粒子無し，(d)，(h)右端：粒子有り

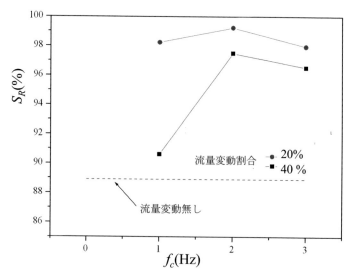

図5.20 中心ガス流量変動による粒子球形化率

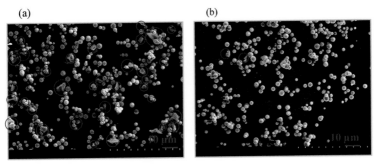

図5.21　粒子球形化
(a)　$f_c = 0\,\text{Hz}$　　(b)　$f_c = 2\,\text{Hz}$, $\pm 20\%$

　図5.22は，水滴注入 DC-RF ハイブリッドプラズマ流動を示す［35］。プラズマトーチ下流の壁面近傍から数ミクロン程度の水滴を半径方向に噴射すると反応炉壁面近傍の逆流により上流のプラズマ炎中に輸送され，水蒸気プラズマや解離水素，解離酸素が生成される。

　図5.23は，水滴注入によるエンタルピー増加割合を示す［35］。大きな微粒化ガス流量 Q_g では，注入する水滴量 Q_w の増加とともに解離水素のエンタルピーが直線的に増加し，水滴を注入しない場合にくらべ最大30％も増加する。

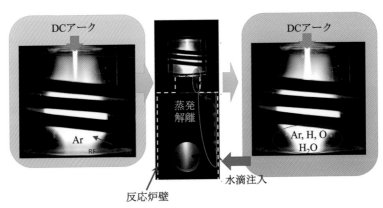

図5.22　水滴注入 DC-RF ハイブリッドプラズマ流動

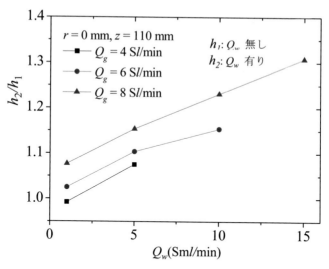

図5.23 水滴注入によるエンタルピーの増加割合

図5.24は，水滴注入量 Q_w に対する粒子球形化率 S_R の向上を示す [35]。図5.23に示したプラズマエンタルピーの増加により粒子の溶融促進され，水滴供給量 15Sml/min，微粒化ガス流量 Q_g＝8Sl/min では，アル

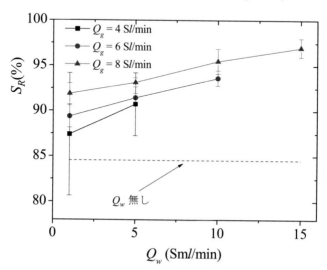

図5.24 水滴注入による粒子球形化率の向上

ミナ粒子球形化率が84.5％から97％まで増加する。

5.1.5　プラズマアクチュエータチューブによるナノ粒子の輸送と表面浄化

　近年，自動車のすす含有排気ガス，工場から排出する煤煙や中国大陸からのPM2.5による大気汚染，またウィルスによるパンデミックは深刻化しており，人間居住環境への配慮が責務である産業界にとっては，環境汚染対策が急務の課題になっている。

　浮遊している室内汚染微粒子の除去およびその表面浄化，ウィルス滅菌ならびに材料プロセス用高効率微粒子搬送技術の確立を目指し，誘電体バリア放電（Dielectric Barrier Discharge）を用いて空気を活性化させた管内で，微粒子の撹拌・搬送および粒子表面浄化が可能なプラズマアクチュエータチューブを開発した［36］。プラズマアクチュエータチューブは，管内壁上にDBD発生機構を有し，DBDによる誘起流および放電によって帯電した微粒子に作用する静電気力により，微粒子が撹拌・搬送される。本方式では，電圧印加時に管内壁面近傍に誘起流が生じるため，管内に浮遊および管壁に堆積している微粒子を非接触で搬送または除去することができる。また，螺旋電極に沿う静電気力により帯電微粒子が管内で効率的に旋回方向に撹拌されるため，微粒子の壁面付着が抑制され，従来懸念されている材料プロセス用微粒子供給管内で微粒子付着による細管内閉塞を回避することができる。放電時には管内に酸化力を有するオゾンが発生するため，汚染微粒子の表面浄化が期待される。よって，2020年より世界的規模のパンデミックを引き起こしているコロナウィルス等の除菌や滅菌適用が期待できる。

　図5.25に実験装置の概略図および製作したDBDプラズマアクチュエータチューブの断面図をそれぞれ示す［37，38］。プラズマチューブの内径は，12mmあるいは20mmであり，チューブ材料は誘電体としてテフロンを用いている。テフロンの厚みは0.3mmであり，チューブ長は100mmである。プラズマチューブの内壁および外壁には，幅5mmの銅電極がそれぞれ3mmおよび4mmの間隔で交互に螺旋状に巻きつけられている。管外壁上の電極は絶縁テープで被覆されており，誘電体バリア放

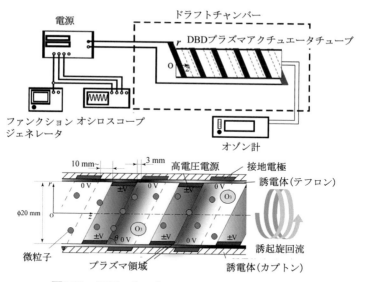

図5.25 DBD プラズマアクチュエータチューブ

電は，3mm の電極間において管の内壁面上に発生する。なお，電極螺旋角 θ は35°，45°，60°で，旋回流速度を決定する重要因子である。実験条件は，大気圧・室温で，作動気体は空気である。入力電圧13〜17kVpp，正弦周波数0.5〜1.5kHz の消費電力1.5W 程度で交流を印加することにより，管内壁の電極間に沿うように誘電体バリア放電によりイオン風が誘起され，オゾンが生成する。

　また，ステレオ PIV により，誘電体バリア放電による誘起流の管内出口近傍の速度計測を行った。トレーサ粒子には平均粒径が $10\mu m$ のオイルミストを用いた。光源には，Nd：YAG レーザ（λ=532nm）を用い，シリンドリカルレンズでプラズマチューブ出口近傍においてチューブと平行面（チューブ中心軸上）およびチューブと垂直面にシート光を形成した。

　図5.26(a)，(b) は，電圧印加なしと電圧14.6kVpp，周波数1.0kHz を印加した場合のプラズマチューブ内に堆積したアルミナ粒子排出の様子を示す[37]。なお，使用したアルミナ粒子の平均粒径は30nm であり，放電前に管内中央底部に堆積している微粒子は，電圧を印加した瞬間に管軸方向手前に排出される。これは，管壁近傍において DBD による誘起流および

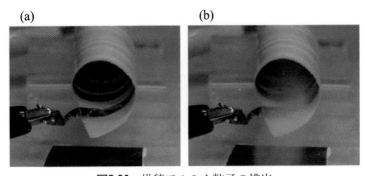

図5.26　堆積アルミナ粒子の排出
(a)　$V = 0.0\mathrm{kV_{pp}}$, $f = 0\mathrm{kHz}$　　(b)　$V = 14.6\mathrm{kV_{pp}}$, $f = 1.0\mathrm{kHz}$

静電気力により帯電した微粒子が撹拌しつつ搬送されるためである。な
お，微粒子が搬送される向きは，誘起流が発生する内壁電極（露出電極）
から外壁電極の方向である。管内径が小さいほど管内壁面近傍の誘起流が
下流方向に中心領域まで発達し，浮遊微粒子の効果的な輸送も期待でき
る。

　図5.27は，電極螺旋角 45° で菅出口から 2mm 上流の PIV による管内

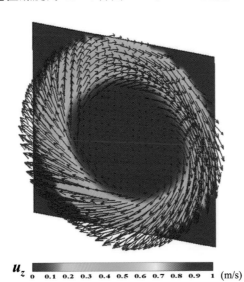

u_z　0　0.1　0.2　0.3　0.4　0.5　0.6　0.7　0.8　0.9　1　(m/s)

図5.27　プラズマアクチュエータチューブ内の誘起旋回流

3D流動場を示す［38］。管内壁近傍には顕著な環状旋回流が誘起されるが，中心領域ではほとんど流動が見られない。

図5.28は，電極螺旋角による誘起旋回速度比（スワール比）S_w の変化を示す［38］。なお，旋回速度比は，周速度と軸流速度の比である。旋回速度比は，電極螺旋角の増加とともに減少する。大きい電極螺旋角では，流れが電極面に垂直に誘起されるため軸流支配で，粒子輸送量も大きく，小さい電極螺旋角では旋回流支配で，管内微粒子滞在時間が長くオゾンによる微粒子表面浄化に適していることを示す。

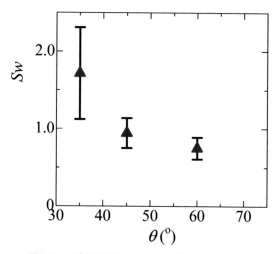

図5.28　電極螺旋角による誘起旋回速度比

図5.29は，誘電体バリア放電で生成された流れ方向のオゾン濃度管断面内分布を示す。菅内壁面近傍に発生したオゾンは，軸方向下流に向かって旋回流により半径方向に拡散しており，菅出口近傍内壁に塗布したメチレンブルーは脱色分解された。

図5.30は，電極螺旋角 θ による30nm アルミナ粒子輸送量 M を示す。いずれの電極螺旋角でも時間に対して直線的に増加するが，図5.28に示した電極螺旋角による旋回速度比の変化に対応して，軸流支配の大きな電極螺旋角では粒子輸送量が大きい。すなわち，電極螺線角で管内流のスワー

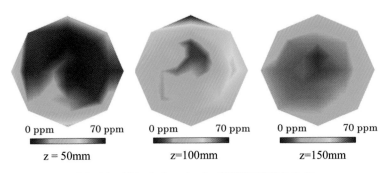

0 ppm   70 ppm   0 ppm   70 ppm   0 ppm   70 ppm

z = 50mm   z=100mm   z=150mm

図5.29 流れ方向のオゾン濃度管断面内分布

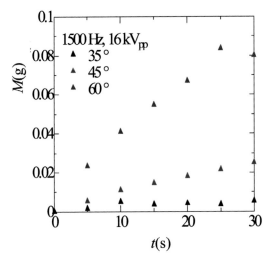

図5.30 アルミナ粒子輸送量

ル比を変化させ，微粒子搬送量や管内流量を制御できる。

　図5.31は，プラズマアクチュエータチューブ内に分散供給された30nm アルミナ粒子輸送割合 M_t を示す［38］。30秒間で100mm の輸送距離の粒子輸送割合は，60°の電極螺旋角では消費電力に対していずれの周波数でも同程度で，ほぼ直線的に増加し，消費電力も小さい。

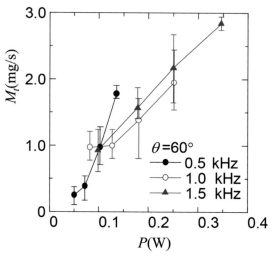

図5.31 アルミナ粒子輸送割合

5.2 反応性液滴プラズマ流動

5.2.1 管内噴霧 DBD プラズマ流動による水質浄化

近年，水および大気汚染は，微少濃度でも人間の生活環境だけでなく生態系全てに深刻な影響を与える問題であり，世界的にその対策が急務の課題となっている。そこで，化学反応性に富む非熱プラズマによる水処理が従来の沈殿法や化学的水処理に変わる高効率分解技術として注目が集まっている［39］。現在応用が進んでいるプラズマによる水処理では，オゾンを内包したマイクロバブル［39］のように，プラズマ生成部と処理部が離れているため，生成されたオゾンの一部分や OH ラジカル，O ラジカル，紫外線は分解反応に直接寄与しない。これは，OH ラジカルや O ラジカルは極めて寿命が短く，反応部への輸送過程で消滅失活してしまうためである［40，41］。また，比較的寿命の長いオゾンでも輸送途中で，その大部分が O_2 等に自己分解してしまう。これらの問題を解決するために近年では，液中気泡内や液膜上，気液二相流中での放電による水処理が活発に研究されはじめている［42，43］。これは，従来の方法と比べて，水処理

部でプラズマ生成を行うことで，寿命が短く輸送距離の短いラジカルや紫外線も分解に直接寄与するため，液中有機物分解効率のさらなる向上が期待される。特に，気相中でプラズマを生成し，そこに処理水を液滴として注入する方法が最も比エネルギー効率が高く，効率的な処理方法であることが報告されている［44］。液滴周囲のプラズマ中のラジカルが液滴界面から液滴中に溶解して分解するからである。

　独自に作製した噴霧流誘電体バリア放電プラズマリアクター中に，処理水を噴霧する分解処理方法について実験結果を示す。本方式は，誘電体バリア放電により生成した反応性プラズマ中に処理水を直接噴霧するため，オゾンだけでなくフリーラジカルや紫外線も液滴中の有機物の分解反応に寄与すると考えられる。さらに，液滴を微粒化することにより液滴比表面積を大きくし，マイクロ液滴界面上でプラズマとの化学反応がより促進される特徴がある。

　図5.32(a)，(b) にエアロゾルプラズマ処理とオゾンマイクロバブル

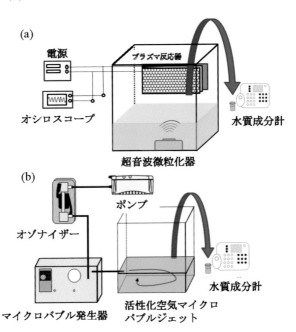

図5.32　(a) エアロゾルプラズマ処理と (b) マイクロバブルジェット処理の比較

ジェット処理との性能比較のための実験装置の概略図を示す［45］。両方式で同量の水を処理するために，ミストによる水処理 (a) では面積100cm^2 平面状の DBD リアクターを水槽内壁に直接設置し，水槽内で処理水を霧化，分解処理を行う。本装置を用いて1時間処理した場合の水槽内の平均オゾン濃度は約200ppm 程度である。一方，オゾンマイクロバブルによる水処理 (b) では，オゾナイザーによって200ppm のオゾンを生成し，マイクロバブルジェットとして水槽内に噴射する。マイクロバブル発生装置に供給する空気流量は，200ml/min である。なお，溶存化学種計測には純水で，脱色実験では 5mg/l のメチレンブルー溶液を用いた。

それぞれの装置において，オゾン濃度は紫外線吸収式オゾン濃度計によって計測した。オゾン（O$_3$），過酸化水素（H$_2$O$_2$），活性酸素種（ROS）の液中溶存量はジエチル-p-フェニレンジアミン（DPD）試薬を用いた水質成分計（Aqualytic 社）により計測した。ここで，ROS は H$_2$O$_2$, O$_2^-$, OH，HO$_2$, ^{1}O$_2$ を示す。さらに，メチレンブルーの分解実験を行い，吸光光度法によって有機物の分解特性を定量的に評価した。

図5.33にエアロゾルプラズマおよびオゾンマイクロバブルジェットによる処理について，過酸化水素（H$_2$O$_2$），活性酸素種（ROS），オゾン（O$_3$）

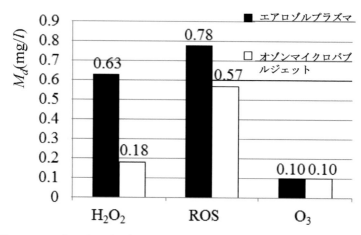

図5.33 エアロゾルプラズマ処理およびオゾンマイクロバブルジェット処理による液中溶存化学種の比較

の液中溶存量 M_d の比較を示す［45］。オゾンの溶存量は，両者差が無いのに対して，過酸化水素，活性酸素種（ROS）の溶存量は，噴霧流プラズマリアクターによる処理の方が，高活性マイクロバブルジェットによる処理と比べて明らかに高い値を示す。これは，プラズマ生成部に溶液を噴霧することによって，オゾンのみでなく，酸化力を有するラジカルや電子，イオン，紫外線等も直接反応に寄与するためであると考えられる。特に，噴霧流プラズマリアクターによる処理における酸化力を有する過酸化水素の溶存量が3.5倍程度である。これは，より多くの OH ラジカルの再結合による生成が考えられる。本装置は，誘電体バリア放電を用いており，平均電子エネルギーは約 2〜3eV である。この程度のエネルギーを有する電子と水分子との衝突反応は，式（5.12）に示す乖離付着反応が支配的であり，以下に示すように，OH ラジカルと水素の生成反応の起点となる［45］。

$$e + H_2O \rightarrow H^- + OH \tag{5.12}$$

$$H^- + e \rightarrow H + e + e \tag{5.13}$$

$$H^- + H_2O^+ \rightarrow H_2 + OH \tag{5.14}$$

$$H^- + H_2O \rightarrow H_2 + OH^- \tag{5.15}$$

ここで，H_2O^+ は，式（5.16）で示す反応によって生成され，式（5.17）に示す反応を生じる。

$$H_2O + e \rightarrow H_2O^+ + 2e \tag{5.16}$$

$$H_2O^+ + H_2O \rightarrow H^+ + OH + H_2O \tag{5.17}$$

以上の反応によって生成した OH ラジカルの式（5.18）に示す再結合反応によって，過酸化水素が生成される。

$$OH + OH \rightarrow H_2O_2 \tag{5.18}$$

図5.34は，200ppm のオゾンを含むエアロゾルプラズマとオゾンマイクロバブルジェットによるメチレンブルーの分解率 D_r，システムエネルギー効率 η_s の経時変化を示す［45］。メチレンブルー分解率は，わずかにオゾンマイクロバブルジェットによる分解が大きく，1 時間で95％にな

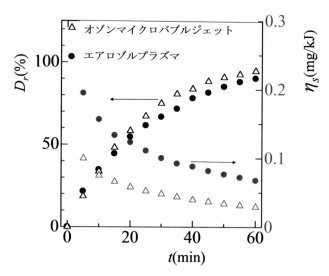

図5.34 エアロゾルプラズマ処理とオゾンマイクロバブルジェット処理の分解
率とシステムエネルギー効率の比較

る。それぞれの処理の総消費エネルギーは，噴霧流プラズマリアクターに
よる処理では約37W，マイクロバブルジェットによる処理では約89Wで
あるため，システムエネルギー効率は，エアロゾルプラズマによる処理の
ほうが優位性を示す。分解のための消費電力が小さくとも，プラズマ流動
システムとしてマイクロバブル発生装置やポンプ，超音波発生装置の必要
総エネルギーをできるだけ小さくすることが必要である。

　図5.35は，図5.25に示したDBDプラズマアクチュエータチューブを参考
に，微小液滴が流動しているDBDプラズマチューブ実験に基づいた管内沿
面プラズマ・気相・液相（液滴）の管内噴霧プラズマ流動モデルを示す[41]。

　実験に基づいた三相流モデルを用いたプラズマ中では53種，気相中と液
滴中では21種の化学種に関して，3ステップの数値シミュレーションにつ
いて述べる。

　ステップ1では，管内壁での沿面プラズマ相と気相間の化学反応と中心領
域への拡散は，0次元のシミュレーションを行う。化学種iのプラズマ相での
数密度$n_{p,i}$と気相での数密度$n_{g,i}$は，それぞれ式(5.19)，(5.20)で表せる。

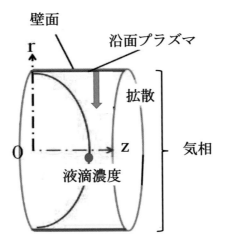

図5.35 管内噴霧プラズマ流動モデル

$$\frac{\mathrm{d}n_{\mathrm{p},i}}{\mathrm{d}t}=-2\frac{\Gamma_{\mathrm{pg},i}}{d_{\mathrm{p}}}+G_i-L_i \tag{5.19}$$

$$\frac{\mathrm{d}n_{\mathrm{g},i}}{\mathrm{d}t}=2\frac{\Gamma_{\mathrm{pg},i}}{d_{\mathrm{g}}}+G_i-L_i \tag{5.20}$$

ここに，時間 t，化学反応に起因するそれぞれ生成項 G_i と消失項 L_i である。

また，プラズマ相厚さ d_{p} は仮定し，気相厚さ d_{g} は，実験値を与える。プラズマ相から気相への i 種の拡散束 $\Gamma_{\mathrm{pg},i}$ は，式 (5.21) で決定される。

$$\Gamma_{\mathrm{pg},i}=\frac{D_i\,(n_{\mathrm{p},i}-n_{\mathrm{g},i})}{(d_{\mathrm{p}}+d_{\mathrm{g}})/2} \tag{5.21}$$

ここで，D_i は，空気中の化学種 i の拡散係数である。

また，電場は，1000Hz でガウス分布に従うものとして，式 (5.22) で与える。

$$E=E_0\;exp\left\{-\frac{1}{2}\left(\frac{1-5\tau_{\mathrm{pls}}}{\tau_{\mathrm{pls}}}\right)^2\right\} \tag{5.22}$$

ここで，τ_{pls} は，パルス幅である。電子温度 T_e は，式 (5.23) で与えられる。

$$T_e=\frac{2e\varepsilon}{3k_{\mathrm{b}}} \tag{5.23}$$

ここで，e は電荷，ε は平均電子エネルギー，k_{b} はボルツマン定数である。

　ステップ2の壁面から中心領域への化学種の拡散と気相から液滴への溶解では，管壁面での境界条件や化学種濃度は，ステップ1の結果を用い，化学反応を伴う半径方向1次元拡散シミュレーションを行う。ここで，作動ガスは実験値を参照し，初期濃度500ppmのオゾンを含む湿り空気とする。また，管内を通過する平均液滴濃度を100ppmとし，任意半径 r を通過する液滴について，プラズマから液滴界面での輸送をヘンリーの法則より考慮した0次元液相化学反応シミュレーションを行う。化学種の半径方向分布は軸方向に一様と考えられるので，2次元気相流動は軸方向1次元と見なせる。すなわち，半径方向に気相流動特性時間は，半径方向拡散特性時間に比べ極めて小さいことになる。図5.35に示したように液滴（ミスト）濃度W_lは，放物状分布で層流で軸方向のみ輸送される。

　気相および液相での数密度 $n_{\mathrm{g},i}$，$n_{l,i}$ は，式 (5.24)，(5.25) で表せる。

$$\frac{\partial n_{\mathrm{g},i}(r,t)}{\partial t} = \frac{D_i}{r}\frac{\partial}{\partial r}\left(r\frac{\partial n_{\mathrm{g},i}(r,t)}{\partial r}\right) + G_i - L_i - W_l \Gamma_{gl,i} \tag{5.24}$$

$$\frac{\partial n_{l,i}(r,t)}{\partial t} = G_i - L_i + \Gamma_{gl,i} \tag{5.25}$$

　ここで，W_l は液滴濃度，d_l は液滴径で，気相液相間の拡散束$\Gamma_{gl,i}$，気相液相間の輸送係数 k_{mt}，化学種 i のヘンリーの係数 H_i は，式 (5.26)〜(5.28) である。

$$\Gamma_{gl} = k_{\mathrm{mt}} n_{\mathrm{g},i} - k_{\mathrm{mt}}\frac{1}{H_i R T_{\mathrm{g}}} n_{l,i} \tag{5.26}$$

$$k_{\mathrm{mt}} = \frac{3D_i}{d_l^2} \tag{5.27}$$

$$H_i' = H_i\left(1 + \frac{K_i}{[H^+]}\right) \tag{5.28}$$

　なお，K_i は，化学種 i のイオン解離係数，$[H^+]$ は，H^+ 濃度である。

　最後にステップ3では，処理溶液を想定し，液相化学反応のみの0次元数値シミュレーションを式 (5.29) で長時間行う。ここで，各化学種の初期濃度は，ステップ2でのシミュレーション結果に，任意半径 r ごとの流

量比を考慮した値とする。

$$\frac{\mathrm{d}n_{l,i}}{\mathrm{d}t} = G_i - L_i \tag{5.29}$$

図5.36は，沿面マイクロ放電（SMD）チューブ内の液滴に溶存したOH濃度の初期pHによる経時変化を示す［41］。OH濃度は，いずれの初期pHでも壁近傍が高く，pHが高い場合，内壁から2mmのところで最大値を示す。これは，特にpHが高い場合，オゾンの自己分解がOH⁻イオンで開始するため，アルカリ溶液で促進されるためである。

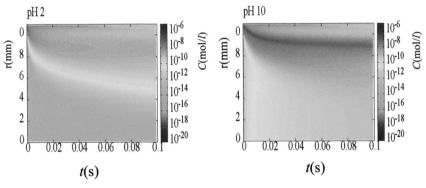

図5.36 初期pHでの液滴中OH濃度の経時変化

図5.37にOH由来の液滴中に溶存した過酸化水素（H_2O_2）濃度の初期pH依存性の計算と実験の比較を示す［41］。過酸化水素の溶存量は，処理溶液のpHに依存し，pHの上昇とともに緩やかに増加し，pH10付近から急激に減少する。数値シミュレーションでも同様な傾向を示すが，液滴中での過酸化水素の蒸発を無視し，過酸化水素の生成および消滅反応速度係数を過大評価しているために実験値に比べ大きい。

さらに，管断面内で一様なプラズマを発生させ，ミストが十分にプラズマと反応できるように環状型DBDチューブを開発し，数ワットの放電電力でも難分解性物質である酢酸の高効率分解にも成功している。

図5.38に水質浄化に用いた管内噴霧DBDプラズマ流動システムを示す［46，47］。実験装置は，主に電源，水槽，超音波霧化装置，DBDプラズ

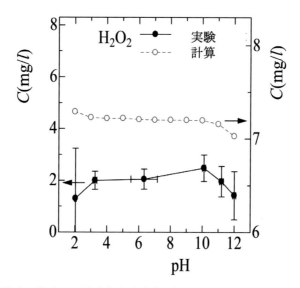

図5.37 液滴中に溶存した過酸化水素濃度の初期 pH 依存性の計算と実験の比較

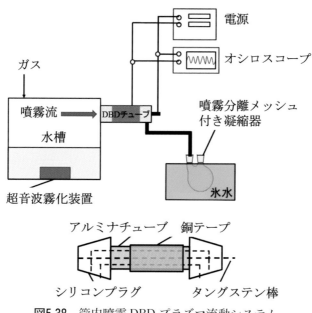

図5.38 管内噴霧 DBD プラズマ流動システム

マチューブ，凝縮器から構成される。DBD プラズマチューブは，厚さ2mm のアルミナ製で，管の内径は 6mm，放電部の長さは 50mm である。管内に高電圧を印加する内径 3mm タングステン棒中心電極，管外壁には接地電極として銅テープ電極を巻いてある。水槽内で超音波霧化装置により 1l の酢酸溶液を霧化し，作動ガスとともに DBD プラズマチューブ内に導入する。DBD プラズマチューブを一度通過し，プラズマにより処理されたミストは，ミストセパレーター部でステンレスメッシュによって凝縮，冷水中に回収する。

DBD プラズマチューブの印加電圧は $\pm 10kV_{pp}$ の正弦波，周波数は 1000Hz で消費電力は，2〜8W 程度である。作動ガスとしては空気，アルゴン，酸素，酸素・アルゴン 2：8 混合ガスを用い，作動ガス流量を 4〜9l/min の範囲で変化させた。超音波霧化装置は，霧化量を増やすため 2 台使用した。発振周波数は 2.4MHz，霧化量は $250 \pm 50ml/h$，平均ミスト径は $2\mu m$，濃度 0〜50ppm，消費電力は 17W である。

図5.39は，空気，Ar，O_2，O_2/Ar の噴霧プラズマ放電発光写真を示す[46]。

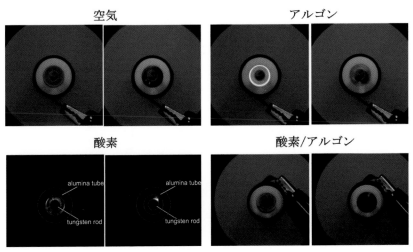

図5.39 噴霧プラズマ（空気，Ar，O_2，O_2/Ar）

各々，左図は，噴霧無し，右図は，噴霧有りである。アルゴンが電離ポテンシャルが低く電離しやすいので，発光強度が強い。

　一方，空気や酸素は，電離しにくく発光強度が弱い。噴霧をDBDチューブに導入すると内壁に液膜を形成して，電界強度が変化するためにフィラメント状の不均一放電となる。

　図5.40は，作動ガスを空気，アルゴン，酸素及び酸素・アルゴン混合ガス（20/80）とした際の酢酸の分解率 D_r をミスト濃度 C に対して示す[46，47]。いずれの作動ガスの場合でも，低ミスト濃度で最大の分解率を示し，ミスト濃度の増加に伴い酢酸分解率は指数関数的に減少する。空気を作動ガスとした場合の最大分解率は60%程度，その他の作動ガスの場合には約80%を示す。空気を作動ガスとした場合には式(5.30)，(5.31)に示すように，空気中の窒素に由来する窒素酸化物（NO_x）がOラジカルと反応する際OHラジカルが消費されるため，酢酸の分解率が低下すると考えられる。

$$NO+OH+M \rightarrow HNO_2+M \tag{5.30}$$

$$NO_2+OH+M \rightarrow HNO_3+M \tag{5.31}$$

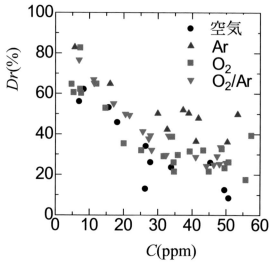

図5.40　ミスト濃度による酢酸分解率

図5.41は、作動ガスを空気，アルゴン，酸素及び酸素・アルゴン混合ガス（20/80）とした際の酢酸分解のエネルギー効率ηをミスト濃度に対して示す [46]。作動ガスがアルゴンの場合、低消費電力でミスト濃度に対して分解量が増加するので、エネルギー効率は、ほぼ直線的に増加する。既存の DBD 気泡による分解エネルギー効率は、1×10^{-9} (mol/J) 程度なので [48]，噴霧 DBD プラズマ流動による酢酸分解エネルギー効率は良好である。一方、空気や酸素の場合、分解量はミスト濃度に対して増加するが、エネルギー効率はあまり変化しない。これは、ミスト濃度が増加するとミストや管内壁に形成される液膜により安定なプラズマ生成が抑制され、消費電力が増加し分解率が急激に減少するためと考えられる。

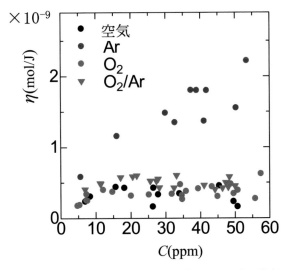

図5.41 ミスト濃度による酢酸分解エネルギー効率

5.2.2 液滴原料注入による DC-RF ハイブリッドプラズマ流動を用いた高機能微粒子創製プロセス

酸化チタン（TiO_2）は，環境親和で光触媒作用があるため，環境浄化に有用な商用材料である。しかし，代表的な TiO_2 は，紫外線照射下で光学的に活性である。そこで，紫外域から可視光域でも光触媒機能を促進す

るために，金属あるいは非金属原子を注入したより高機能な TiO_2 粒子創製に多くの研究が集中している。近年では，ゾル－ゲルプロセスを用いて，カーボンを注入した高機能 TiO_2 の創製に成功している。しかし，メチレンブルーの脱色による高機能光触媒特性は，そのままあるいは窒素注入した TiO_2 と比較して，可視光域でのみ示されている [49]。

著者らが独自に開発した DC-RF ハイブリッドプラズマ流動システムを用いた液相原料法で創製した炭素注入 TiO_2 を可視光域での光触媒特性の高機能化を検証する。液相原料物質をプラズマ下流により噴射し，逆流により上流の高温プラズマ領域まで輸送し，化学反応を行い下流でクエンチすることにより微粒子を採取するプロセスである。液相原料噴射法による炭素注入 TiO_2 の創製メカニズムを分光特性，物理化学的性質から論じる。さらに，炭素注入 TiO_2 の可視光域でのメチレンブルーの脱色性能も明らかする [50, 51]。

図5.16に示した液相原料注入型低電力 DC-RF ハイブリッドプラズマ流動システムの DC 陽極ノズル径は 3～4mm，DC トーチ外径 38mm，ガラス管内径 44mm である。DC 電力は 1.1kW，RF 電力は 6.6kW，4MHz の低消費電力で，アルゴンをそれぞれプラズマ形成ガス 5Sl/min，旋回シースガス 20Sl/min として，プロセス微粒子もトーチ内に供給できる。チャンバー内の作動圧は，13.3～33.3kPa である。トーチ下流 z＝195mm には，液相原料物質を微粒化噴射するための内外径 0.3mm，1.2mm の微粒化装置を設置する。原料物質であるチタニウム・テトラ・ブトキサイド (TTB $TiO_4C_{16}H_{36}$) とエタノールの混合液滴は，壁面近傍の逆流により上流の RF プラズマ域まで輸送され蒸発し，上流のプラズマ領域で蒸気酸化チタン TiO_2 と炭素 C の反応後，C-TiO_2 が創製される。なお，液相原料の供給平均質量流量は1.4～1.6g/min，供給ガス流量は6Sl/min である。創製された C-TiO_2 は，200mm から 400mm 下流の内壁で採取され，673K で 2 時間熱処理された。UV 光吸収スペクトラムは，UV 分光器 (V-7200, JASCO Inc., Japan) で計測された。C-TiO_2 の光触媒特性は，可視光域でのメチレンブルー溶液の脱色吸光特性により評価した。

図5.42は，プラズマ領域 z＝70mm で，液相前駆体 (SP) の有無下での

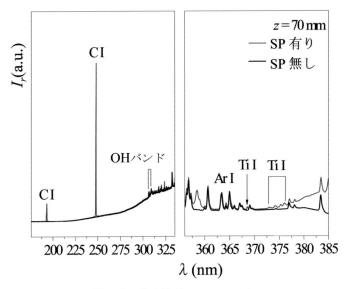

図5.42 分光特性 (z＝70mm)

分光特性を示す［50］。SP をプラズマ下流に噴霧すると，SP 液滴は，壁面 r＝40mm に到達する前に蒸発する。蒸気の一部が反応炉壁面近傍に形成される逆流により，プラズマ領域上流に輸送され，チタンと炭素が解離している。C-TiO$_2$ の創製は，高濃度炭素で低濃度酸素の条件下で促進される［52］。図より励起炭素が193nm と247nm に，また，励起チタンが368nm，373〜376nm に存在する。さらには，酸素および水素との反応後に，OH バンドが306〜309nm に存在する。COx，OH のような他の化学種の生成に酸素が消費されるため，チタンを伴った化学的結合に対する酸素量は減少する。したがって，TiO$_2$ 構造の酸素欠損を生じ，炭素に置換される［52］。

　図5.43は，上流および下流で採取した C-TiO$_2$ ナノ粒子に対する Ti 2p と O 1s 領域における XPS スペクトラムを示す［51］。Ti 2p で酸素欠損への炭素注入の移動 Ti-C による 457.1eV でのこぶは，下流のみに見られる。これは，相対的に小さな大きさの炭素原子が，あまり大きな表面ひずみや格子ゆがみ無しで導入できるからである。この C-TiO$_2$ は，バンド

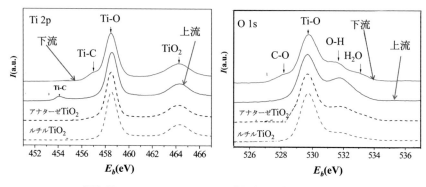

図5.43 XPS スペクトラム（上流・下流採取粒子)

ギャップを狭くすることにより，紫外光–可視光の吸収性能や光触媒性能の向上が期待できる。O 1s での炭素と酸素の結合 C-O に起因する 528.3eV でのこぶは，下流のみに見られる。したがって，Ti-O-C の結合は，下流のみに存在することを示している。

図5.44は，液相前駆体プロセスで 200～400mm 下流の反応炉内壁で採取され，673K で2時間熱処理された C-TiO_2 の可視光域でのメチレンブルーの脱色特性を示す。アナターゼ相 TiO_2 の光触媒機能は，メチレンブ

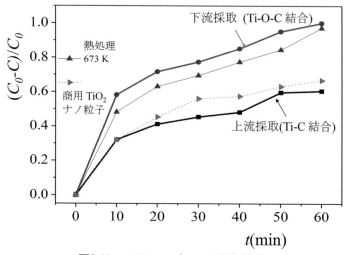

図5.44 メチレンブルーの脱色特性

ルーの脱色にそれほど有効でないが，C-TiO₂ はより効果的である。すなわち，促進剤としての炭素の注入により，バンドギャップエネルギーが減少し，可視光域で TiO₂ の光触媒機能がより向上する。400mm 下流で採取した Ti-O-C 結合ナノ粒子の脱色性能は，200mm 上流採取の Ti-C 結合のみのナノ粒子に比べ40％増加しており，また商用 TiO₂ に比べても33％高い。

なお，創製したナノ粒子の物理化学的特性や構造に関しては，文献［51］を参照されたい。

5.3　反応性気泡プラズマ流動

5.3.1　紫外光照射オゾンマイクロバブルジェットによる水質浄化

2011年 3 月11日に発生した巨大地震による大津波は，東日本太平洋側を中心に広い範囲で甚大な被害をもたらした。特に沿岸部では，下水処理場などが破損または浸水し，その機能を停止した施設も少なくない。このため，生活排水が適切に浄化できずに海に廃出されたものや溢れ出たものもあった。被災地では，生活再建や衣食住の確保で厳しい状況にありながら，生活排水が適切に処理されず生活環境を悪化させることは，精神的・肉体的に疲弊を増長するため，これから復旧・復興していくうえで避けなければならない問題である。これまで産業排水や農水産業，食品産業の汚水処理が問題になってきたが，この大震災を機に水環境浄化に対する意識とニーズが一層高まっている。従来の水処理技術は，沈殿法，フィルター，塩素やオゾン等によるものである。

図5.45は，水質浄化用オゾンマイクロバブルジェットシステムを示す［53］。印加電圧 28kV$_{pp}$，1.5kHz の DBD 放電より空気の一部からオゾンを発生して活性化し，ベンチュリー型マイクロバブル発生器に導入して，処理液中に平均速度 20～465mm/s で噴射する。低消費電力により最大 2,000ppm のオゾンを発生し，比表面積の大きな平均 46～155μm 径のマイクロバブル中に内包させることで，液中に反応性に富んだマイクロバブルが長く溶存することにより，高い水質浄化効率が期待できる。また，紫

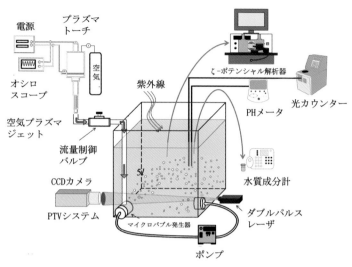

図5.45 オゾンマイクロバブルジェットシステム

外光をオゾンマイクロバブルに照射することで，気泡内により強い酸化力を有する O ラジカルも分解生成し，より高い分解効率が期待できる。

　図5.46は，加圧溶解法により60分バブリングした時の水質分解に寄与する酸化力を有する液中溶存オゾン（O_3），過酸化水素（H_2O_2），活性酸素種（ROS）の溶存量 M_d を示す [53]。ここで，ROS は，H_2O_2，O_2^-，OH，HO_2，$^1O_2$ である。いずれの化学種も溶液 pH が中性や特に酸性で活性化空気（オゾン）マイクロバブルを導入した場合，濃度が高い。一方，酸化力の強力な過多な OH を含むアルカリ性の場合はオゾン等が自己分解されてしまうため [54]，活性化空気でも活性酸素濃度は低い。さらに，紫外光を照射すると中性と酸性液中では，光化学反応よりオゾンや活性酸素種も増加する。

　図5.47は，中性液中でのメチレンブルーの脱色特性を示す [53]。加圧溶存法による空気マイクロバブルでは，脱色しないが，活性化空気（オゾン）マイクロバブルでは，オゾンにより60分で脱色し，紫外光を照射すると酸化力のより強い O ラジカルが多く生成されるので，20分で速やかに脱色される。

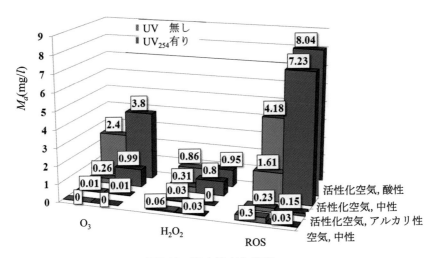

図5.46　液中溶存化学種

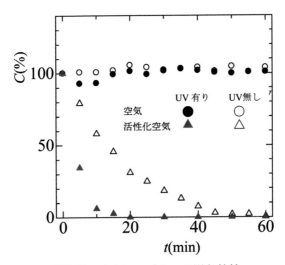

図5.47　メチレンブルーの脱色特性

5.3.2 ナノ・マイクロパルス放電気泡ジェットによる水質浄化

　1960年代からの急速な経済発展や都市部への人口集中により，産業排水や生活排水が急激に増加し，河川および沿岸部に難分解性物質の蓄積等，既存の水処理施設では処理しきれない問題が発生してきた。水質汚染は人間の生活環境だけでなく，生態系全てに深刻な影響を与える問題であり，発展途上国でその対策が急務の課題となっている。また，ウォータービジネスとして，水環境浄化に対する意識と機能化のニーズが一層高まっている。プラズマを用いた水質浄化は，従来行われてきた沈殿法や化学薬品を用いた汚水処理とは異なり，環境負荷が少ないなどのメリットがあり，これからの水質浄化方法として近年注目を集めている [39]。

　これまでは，従来から水質浄化に使用されているオゾンでは分解することのできないダイオキシンやフミンなどの難分解性有機物を，オゾンよりも強酸化力を有する O ラジカルや OH ラジカルを用いた高度水処理法が近年注目されていることから [39, 42, 43]，著者らは，この方法を用いて効率的に水質浄化する研究を行ってきた。O，OH ラジカルは，強酸化力を有する一方で，寿命が数百〜数十μs 以下であり，水質浄化へ応用するためには生成とほぼ同時に浄化対象と反応させなければならなく，大量処理には困難さを伴う [40]。O ラジカルや OH ラジカルの生成方法には，オゾンからの生成，過酸化水素の紫外線分解，プラズマ，電気分解および超音波を用いた生成等が挙げられるが，その中で気泡内放電等気液界面で発生させた非熱パルスプラズマは，近年，環境汚染物質分解などの研究に活発に用いられている [55−58]。

⑴　マイクロパルス放電によるメチレンブルーの脱色特性

　著者らは，非熱プラズマの代表的な生成方法であるマイクロパルス放電を用い，液中に噴射する気泡内でストリーマ放電を発生させ，気泡界面近傍において O ラジカルや OH ラジカルを生成することができる多点気泡ジェットを用いた水質浄化システムを開発した [59]。

　図5.48は，放電気泡ジェットシステムの概略図を示す [59, 60]。実験装置は，主にマイクロパルス高電圧電源，リアクター，タングステン製の

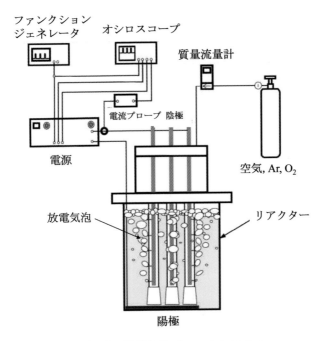

ファンクション
ジェネレータ　　オシロスコープ
質量流量計

電流プローブ　陰極

電源

空気, Ar, O$_2$

放電気泡　　　　　　　　　　　リアクター

陽極

図5.48　放電気泡ジェットシステム

陰極，銅製の陽極およびガス供給管から構成される。陽極板はリアクター底部に水没しており，気泡内放電が容易に発生するように陰極棒を内蔵したガス供給管側壁に加工された直径 0.5mm の小孔から気泡が水平方向に噴出される。また，陰極部は取り外し可能で，１本から４本まで本数を変えることができる。これにより，気泡の生成個数や気泡の噴射領域の調整が可能となる。電圧の印加方法は，6kV$_{pp}$，1000Hz のマイクロパルスで，デューティー比は10％である。作動ガスとして電離しやすいアルゴンを用い，実験は大気圧・室温の下で行った。なお，純水の導電率3μS/cm である。また，液中発生ラジカルは分光法により同定した。

　生成されたラジカルや化学種による難分解性物質の代表である初期濃度 1.0mg/l，0.55l のメチレンブルー水溶液の脱色実験を行った。一般に分解処理液の導電率は高いため，メチレンブルー水溶液の導電率を NaCl 添加により増加させ，成分計を用いて波長 660nm に対する吸光度を測定し，

図5.49 放電気泡の挙動

溶液の透明度を定量的に評価することにより，各導電率における分解特性に及ぼす影響を明らかにした。

図5.49は，高速度カメラを用いて撮影した純粋中の単一放電気泡挙動の写真を示す [60]。作動条件は，印加電圧 $V_{in}=6\mathrm{kV_{pp}}$，周波数 $f=1000\mathrm{Hz}$，Ar ガス流量 $Q=100\mathrm{Sm}l/\mathrm{min}$ で，露光時間は 20μs である。なお，気泡径が 2〜3mm に成長すると電子衝突に十分な気泡体積で放電が起こる。電圧印加直後にストリーマがガス供給管細孔と気泡内界面に沿って伝播し，ストリーマ放電後，気泡界面が変形する。さらに，連続的に形成されるストリーマにより，変形した気泡界面が崩壊し，気泡界面からキノコ状マイクロバブルが生成される。

図5.50は，印加電圧を $V_{in}=6\mathrm{kV_{pp}}$，周波数 $f=1000\mathrm{Hz}$，ガス流量 $Q=100\mathrm{Sm}l/\mathrm{min}$ の場合の純水中のアルゴン放電気泡近傍での分光特性を示す [60, 62]。

309nm 近傍に励起 OH ラジカルからの強い発光，また 777nm に水分子の解離による O ラジカルが見られる。この結果から，気泡内水蒸気と高速電子との衝突により酸化力の大きい OH ラジカルが気泡界面近傍，も

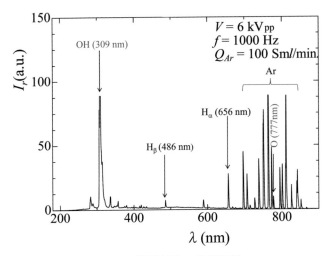

図5.50　放電気泡の分光特性

しくは，気泡内に生成されていることが確認され，高効率なメチレンブルーの脱色が期待される。

　図5.51(a)〜(d) に放電バブルジェットによるメチレンブルー水溶液の脱色過程を示す [59, 60]。なお，作動条件は印加電圧 V_{in}＝6kV$_{pp}$，周波数 f＝1000Hz，ガス流量 Q＝4.0Sl/min であり，作動ガスとしてアルゴンを用いた。放電開始後約20分でメチレンブルー水溶液が完全に脱色された。これは，放電した際に発生した OH ラジカルが分解に寄与したものと考えられる。ガス供給管下部発生の気泡が供給管側壁に沿って上昇接触するため，ガス供給管上部の気泡は放電しにくい。

　図5.52は，導電率 σ に対するメチレンブルーの分解エネルギー効率 η を示す [61]。なお，分解エネルギー効率は，単位投入エネルギー当たりの分解量で定義される。導電率は，一般に液中に不純物が混入すると増加する。ここで導電率は，NaCl を処理液に加え，変化させている。導電率が増加するにつれて，分解エネルギー効率が減少している。これは，導電率が増加すると，液中で電流が流れるため気泡界面での印加電圧が降下し，気泡内放電による OH ラジカルの発生量が減少しメチレンブルーの分解

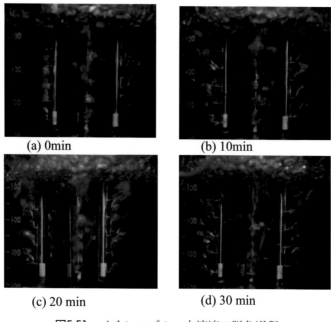

(a) 0min   (b) 10min

(c) 20 min   (d) 30 min

図5.51　メチレンブルー水溶液の脱色過程
（V_{in}＝6kV$_{pp}$,　f＝1000Hz,　Q＝4.01Sml/min）

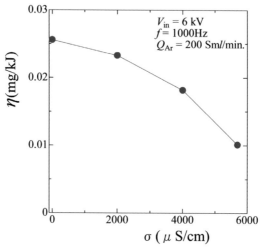

図5.52　導電率に対するメチレンブルーの分解エネルギー効率

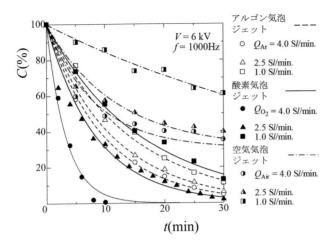

図5.53 アルゴン，酸素，空気放電気泡ジェットによるメチレンブルー濃度の
時間変化

量が少なくなるためと考えられる。

　図5.53は，アルゴン，酸素，空気放電気泡ジェットによるメチレンブ
ルー濃度 C の時間変化の比較を示す［60］。メチレンブルーの濃度は，酸
素気泡ジェットが一番減少する。これは，強酸化力を有するガス供給管や
気泡内での O ラジカルや OH ラジカル生成と滞留する気泡内に封入され
た長寿命の O_3 による分解の相乗効果である。2番目と3番目の脱色割合
は，それぞれアルゴン気泡ジェットと空気気泡ジェットである。メチレン
ブルー脱色割合は，多数の気泡ジェットが生成されるより大きい流量で大
きい。これは，大きい流量では，メチレンブルー溶液と活性酸素種を内包
した気泡とのより活発な混合およびメチレンブルー分子間結合を破断する
より多くの O ラジカルと OH ラジカルの発生に起因する。

⑵　マイクロパルス放電による酢酸の分解特性
　ここでは，非熱プラズマの代表的な生成方法であるマイクロパルス放電
により，気泡内でストリーマ放電を発生させ，気泡界面近傍において，O
ラジカルや OH ラジカルを生成することができる多点バブルジェットシ

ステムを用いてメチレンブルーよりも分解しにくい難分解性有機物である酢酸の分解特性を明らかにする [62]。

以下に酢酸の分解過程を示す。

式 (5.32) より水分子が電離による高速電子と衝突解離し，酸化力が強い OH ラジカルが生成される。酢酸分子は，OH ラジカルと反応して式 (5.33) のように水と二酸化炭素に分解される。一方，OH による酢酸分解由来の CH_2COOH ラジカルと O_2 との反応，そして H_2O_2 との反応より，式 (5.34) で中間生成物として蟻酸 $HCOOH$ が生成される [62]。

$$H_2O + e^- \rightarrow OH + H + e^- \tag{5.32}$$

$$\begin{aligned} CH_3COOH + OH &\rightarrow CH_3COO + H_2O \\ &\rightarrow CO_2 + CH_3 + H_2O \end{aligned} \tag{5.33}$$

$$\left. \begin{aligned} CH_2COOHO_2{}^* + CH_2COOHO_2{}^* & \\ \rightarrow OHCCOOH + OHCH_2COOH + O_2 & \\ H_2O_2 + 2HOCH_2COOH + O_2 & \\ \rightarrow H_2O_2 + 2OHCCOOH + 2H_2O & \\ H_2O_2 + OHCCOOH \rightarrow HCOOH + CO_2 + H_2O & \end{aligned} \right\} \tag{5.34}$$

OH の自己消滅反応は，次式 (5.35)，(5.36) で表せる。

$$OH + OH + M \rightarrow H_2O_2 + M \tag{5.35}$$

$$OH + OH \rightarrow H_2O + O \tag{5.36}$$

図5.54は，純水中の放電気泡中のストリーマからの放射光の瞬間写真を示す [62]。露光時間は，80ns である。気液界面で Ar ガスと純水との不連続な誘電率のため，ストリーマは，Ar 吹き出し孔管の下面と気泡界面の上部に沿って伝播する。なお，2次元ストーリーマ前面の伝播速度は，$3 \times 10^4 m/s$ と評価される。

図5.55は，酢酸と蟻酸濃度 C の経時変化を示す [62]。印加電圧は，6kV デューティ比は，70%，周波数 1000Hz，アルゴン流量 2.0Sl/min である。酢酸濃度は直線的に減少し，720分で約25%分解される。一方，蟻酸は，酢酸分解の副生成物として酢酸濃度の1%であるが，240分後では

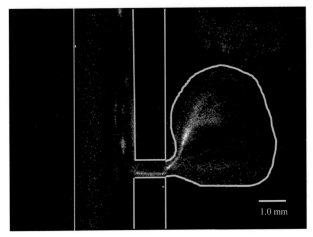

図5.54 放電気泡中のストリーマ

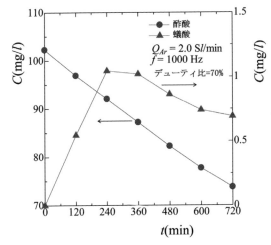

図5.55 酢酸と蟻酸濃度の経時変化

OH ラジカルや H_2O_2 により分解され減少する。両者の分解により，酢酸溶液の pH は増加し，導電率は減少する。

　図5.56は，印加電圧デューティ比に対する酢酸分解量 ΔC と正味エネルギー効率 η を示す［62］。なお，正味エネルギー効率は，消費電力から酢酸溶液中のジュール加熱損失を差し引いたエネルギーに基づいている。こ

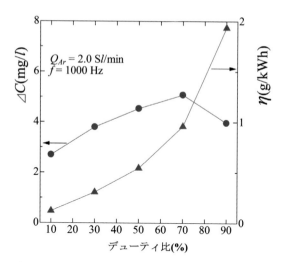

図5.56 印加電圧デューティ比に対する酢酸分解量と正味エネルギー効率

れは，気泡内放電に実際投入されたエネルギーのみに該当する。酢酸分解量は，デューティ比の増加に伴いほぼ直線的に増加し，70％で最大となる。このときの放電は安定し最も強度が大きく，多くの OH ラジカルが発生すると考えられる。90％のデューティ比では，気泡内放電が不安定になるため減少するが，正味エネルギー効率は，次第に増加し最大になる。なお，システム全体でのエネルギー効率は，デューティ比70％で 0.14〜0.45（g/kWh）だが，他のコロナ放電を用いた3.75％の分解率では，0.13（g/kWh），DBD 気液二相膜で14％の分解率では，0.203（g/kWh）である。

⑶ ナノパルス放電による酢酸の分解特性

ストリーマ放電多点気泡ジェットシステムで導電率の高い酢酸溶液の分解効率を高めるためには，多くの気泡で一様かつ強度の高い放電を生成することが必要である。そのためには，放電気泡生成のためのトーチの改良［63］と放電条件の検討が必要である。

放電気泡ジェットを用いた水質浄化実験で，ナノパルス放電とマイクロパルス放電で酢酸分解実験を行い，分解特性の比較を行った。イオンクロ

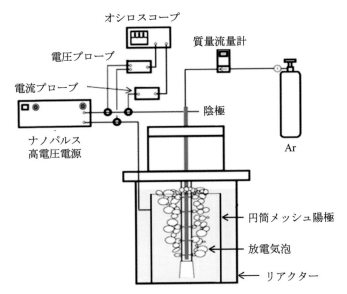

図5.57　放電気泡ジェットシステム

マトグラフを用いて30分毎に酢酸濃度および副生成物である蟻酸等の濃度を計測し，異なる陽極形状，印加電圧での分解特性を明らかにした。

　図5.57に図5.48を改良した水処理用放電気泡ジェットシステムを示す[63]。導電率の高い処理液の分解効率を高めるためには，多くの気泡で一様かつ強度の高い放電により強酸化力を有するOHラジカルを多数生成することが必要である。システムは主として，ナノパルス高電圧電源，リアクター，陰極部，陽極部およびガス供給部から構成される。陰極にタングステン棒，陽極に円筒状のステンレスメッシュ，または，ステンレス板を用いる。ステンレス板は，リアクターの水底に，メッシュ円筒は，周方向に一様な電界になるように，陰極のタングステン棒を囲むように設置する。気泡は，陰極棒を中心に内包するガス供給管両側面に10mmの間隔で5個ずつ孔けた直径0.5mmの小孔から水平に噴出される。ナノパルス印加電圧は，$V = 5 \sim 9\mathrm{kV_{PP}}$，立ち上がり時間は50～75ns，パルス幅は100～150nsで，印加周波数は$f = 1000 \sim 2000\mathrm{Hz}$，アルゴンガス流量は$Q_{Ar} = 2.0\mathrm{S}l/\mathrm{min}$で，処理液分解は，大気圧・常温下で行った。気泡径が

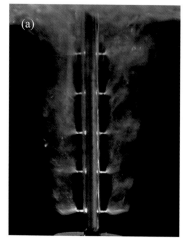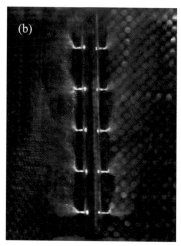

図5.58 ナノパルス放電気泡ジェット
(a) 平板電極　　(b) 円筒メッシュ電極

2mm 程度で，気泡内放電が生成し，円筒型メッシュ電極の場合，安定で一様な放電が生成される。

図5.58(a)，(b) に酢酸水溶液中におけるナノパルス放電気泡ジェット写真を示す [63]。作動条件は，印加電圧 V_{in}=6kV$_{pp}$，印加周波数 f=1000Hz，ガス流量 Q_{Ar}=2.0Sl/min，水溶液の体積は 550ml である。本実験では，作動ガスにアルゴンを用いているため，放電発生時にアルゴン特有の紫色の放電が確認できる。(a) は陽極にステンレス平板を，(b) は円筒状のステンレスメッシュを用いた時の放電可視化の様子である。(a) では写真上側での放電強度が弱く，写真下側で発光が強くなっている。これは，下側ほど電極間距離が近いため電界強度が水深方向に強くなるためである。一方，(b) では (a) と比べて，水深方向位置によらず放電は一様である。これは，円筒状の電極により半径方向の電極間距離が一定になり，電場の強さがより一様になったためと考えられる。したがって，円筒メッシュ電極が酢酸分解効率の向上に期待できる。

図5.59に酢酸濃度と副生成物である蟻酸濃度の経時変化を示す [63]。作動条件は，印加電圧 V_{in}=8kV$_{pp}$，印加周波数 f=2000Hz，ガス流量

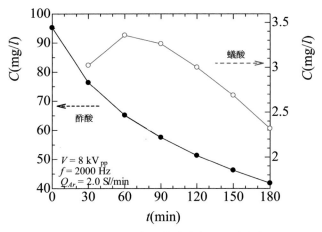

図5.59　酢酸濃度と蟻酸濃度の経時変化

$Q_{Ar}=2.0\mathrm{S}l/\mathrm{min}$，水溶液の体積は200ml である。酢酸濃度の減少率（反応速度係数）は，分解が進むにつれて減少している。これは，酢酸の分解が進むと，放電気泡近傍に存在する酢酸濃度も減少するためと考えられる。また，分解開始30分から副生成物である低濃度の蟻酸が生成されたが，図5.55のマイクロパルス放電と比較するとより早く分解開始60分から蟻酸の分解も確認された。よって，本実験システムの難分解性物質の分解の有効性が検証された。

　図5.60は，ナノパルス放電とマイクロパルス放電で，120分の分解を行った際の酢酸分解量 $\varDelta C$ の経時変化を示す［63］。作動条件は，いずれも入力印加電圧 $V_{in}=6\mathrm{kV_{pp}}$，$f=1000\mathrm{Hz}$，ガス流量 $Q_{Ar}=2.0\mathrm{S}l/\mathrm{min}$，水溶液体積550ml である。陽極には，円筒メッシュ電極および平板電極を用いた。ナノパルス電源を用いた場合に，マイクロパルス電源を用いた場合よりも円筒メッシュ電極では，120分後に約2倍程度に分解量が増加する。ナノパルスを印加した場合の方が短時間で高エネルギー電子が供給されるため，OH ラジカルの生成量が多くなり，酢酸の分解率が向上したと考えられる。すなわち，投入電力より印加電圧の立ち上がり時間が重要因子となる。

　図5.61にプラズマ相および液相から構成された二次元のナノパルス放電

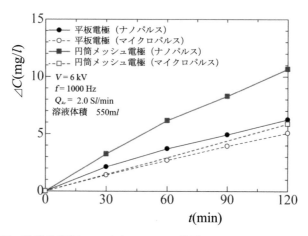

図5.60 酢酸分解量のマイクロパルス放電とナノパルス放電の比較

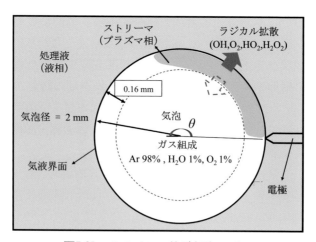

図5.61 ナノパルス放電気泡モデル

気泡モデルを示す [64]。気泡の直径は放電が容易な 2mm とし，気泡内作動ガスの組成はアルゴン，水蒸気，溶存酸素であり，それらの組成比は 0.98：0.01：0.01である。気泡内の圧力が気泡の生成初期と消滅時を除いてほぼ大気圧であるため，ここでは気泡内の圧力を大気圧とし，気泡内ガス温度は室温である。図に示すように，電極が気泡界面の外側に設置するとした。気泡界面付近の液体と気体の不連続な誘電率により気泡界面での

電界が強くなるため，放電が形成する時に気泡内界面に沿ってストリーマ（放電路）が生じる。時空間で変化するストリーマ幅の平均値は，簡素化のため Kushner の研究を参照し 0.16mm とする [65]。また，ストリーマの進展は，図5.54の実験結果に基づき，超高感度高速度カメラにより計測されたストリーマ進展速度を参照し，3×10^4 m/s とする [62]。

　気泡内プラズマ相での143の化学反応による23の化学種生成は，式(5.37)より 0 次元の計算を用いて求めた [64]。0 次元の計算では，ラジカルの生成は主に電子衝突反応に支配される。計算における投入エネルギーは，放電気泡ジェットの実験で計測された放電波形から決定した。また，放電パルス幅は作動条件に依存せず，いずれの場合でも10ns とした。

$$\frac{\partial C_{p,s}}{\partial t} = G_{p,s} - L_{p,s} \tag{5.37}$$

　式 (5.38) に示すように，気泡外液相でのラジカル拡散は，フィックの法則に支配される。液相内で考慮した 5 つの化学種は, OH, O_2, HO_2, H_2O_2 および CH_3COOH で 6 つの化学反応である [64]。酢酸は，複雑な反応プロセスで分解されるが，ここでは式 (5.33) に示した支配的な反応に簡略化した。なお，気泡内部から気泡界面を通して液相へのラジカル拡散は，式 (5.38) で示され，ヘンリーの法則により，気泡界面内外のラジカル濃度差に支配される。

$$\frac{\partial C_{l,s}}{\partial t} = G_{l,s} - L_{l,s} + D_l \left\{ \frac{1}{r} \frac{\partial}{\partial r} \left(r \frac{\partial C_{l,s}}{\partial r} \right) + \frac{1}{r^2} \frac{\partial^2 C_{l,s}}{\partial \theta^2} \right\} \tag{5.38}$$

$$F_{in} = D_{pl,s} \frac{C_{p,s} - C_{l,s}}{\Delta r} \tag{5.39}$$

$$D_{pl,s} = D_{p,s} \left(\frac{h_s C_{p,s} - C_{l,s}}{h_s C_{p,s}} \right) \tag{5.40}$$

　ここで，$G_{p,s}$，$G_{l,s}$ は，それぞれプラズマ相，液相での化学種 s の生成濃度，$L_{p,s}$，$L_{l,s}$ は，プラズマ相，液相での消失濃度，$D_{p,s}$，$D_{pl,s}$，D_l は，プラズマ相，気液界面，液相での化学種 s の拡散係数，また，F_{in} は，気液界面を通してプラズマ相から液相への拡散束，h_s は，ヘンリーの定数である。液相での活性酸素種の反応速度係数や拡散係数は既存研究を参照

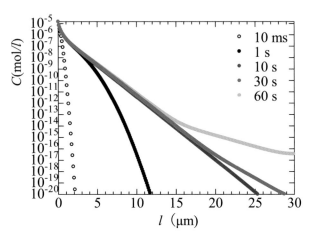

図5.62 気泡外液中 OH 濃度の経時変化

する［64］。

図5.62は，60秒間で気泡 $\theta=90°$ 方向で気泡界面から液中の OH ラジカル濃度分布を示す［64］。OH 濃度は，60秒後に気泡界面から $30\mu m$ で，気泡界面での濃度の $1/10^{11}$ に急激に減少し，2mm の気泡は極めて薄い強酸化膜で覆われている。また，時間進行とともに気泡から遠方まで OH ラジカルが拡散し，拡散利得が酢酸分解による消失を上回っているため，次第に濃度が増加し，酢酸が持続的に分解されることを示している。また，気泡界面から $0\sim5\mu m$ での OH ラジカル濃度は時間で変化しない。これは，化学反応と拡散が平衡状態であることを示す。

図5.63に印加電圧および周波数による気泡外酢酸濃度分布に与える影響を示す［64］。図5.62で60秒後に酢酸の濃度分布が周方向にほぼ一様となったため，ここでは $\theta=90°$ 方向の酢酸分解結果を示す。また，初期濃度は，実験と統一するために，$170mg/l$ で，印加電圧と周波数の条件は 5kV（2000Hz），7kV（822Hz）および 9kV（462Hz）とし，投入電力を一定にした。単1パルスあたり 9kV（462Hz）のときに OH ラジカルがより多く生成され液相に拡散するが，各々のパルスから放電中に拡散する OH 濃度がかなり低いため，同じ時間内に放電回数が多い 5kV（2000Hz）のときに液相に拡散する OH ラジカル濃度が 9kV（462Hz）よりも多い。その

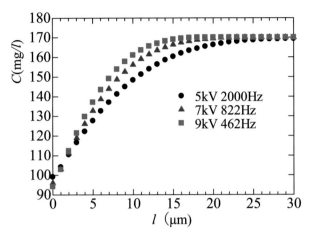

図5.63　印可電圧・周波数による気泡外酢酸濃度分布

結果，投入電力が一定の場合，低印加電圧・高周波数の条件下で酢酸が多く分解される。

表6.1は，ナノパルス放電時の酢酸の相対的分解割合の図5.63の計算と実験との比較を示す [64]。なお，それぞれ9kV，462Hz の時，3時間後の酢酸分解量を基準値とする。両者とも作動条件による酢酸分解割合の相対変化は，よい一致が得られ，同じ消費電力では，低電圧で高い周波数の場合，酢酸の分解割合は約80％ほど高い。

表6.1　酢酸分解割合の計算と実験の比較

条　件	酢酸分解割合（実験）	酢酸分解割合（計算）
5kV，2000Hz	1.77	1.84
7kV，822Hz	1.19	1.29
9kV，462Hz	1	1

5.3.3 細管内プラズマポンプによる液輸送と水質浄化

図5.64に細管内放電を活用したプラズマポンプシステムを示す［66］。システムは，直流高圧電源，回路保護抵抗，急拡大細管，リザーバ，電流測定用抵抗，ステンレス平板電極から構成される。左右の円筒リザーバは，それぞれ内径 1mm，2mm で長さ 30mm の急拡大ガラス細管により接続されている。細管内の導電率 1mS/cm の処理液への通電に伴うジュール熱で沸騰気泡が生成膨張し，その後気泡が収縮しながら，管内壁の液膜破断位置でスパーク放電が発生し，再びジュール熱によりほぼ周期的に沸騰気泡が生成する。気泡膨張後，急拡大細管内気泡界面の曲率半径に起因するラプラス圧の差により，気泡は細い管から太い管側のリザーバへ排出される。また，スパーク放電時に水蒸気から OH ラジカルが発生し，処理液を分解しながら，同時に太管方向へ輸送できる。

図5.65(a)−(d) は，細管内放電気泡の電圧・電流特性と気泡挙動のモデルを示す［66］。(d) で通電によるジュール加熱で細管内の急激な気泡の膨張時には，気泡体積の増加により導電率が低下するので，電流が急激に減少し，(a) で細管内に気泡が滞在し低電流となる。(b) で気泡の緩慢な収縮時に正味導電率の増加に伴い電流も次第に増加し，管壁液膜が破断して不連続的にスパーク放電すると (c) でさらに電流が増加する。すなわ

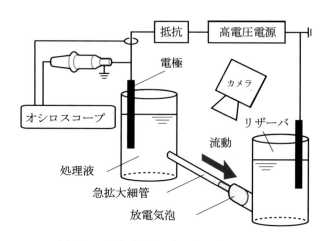

図5.64 細管内プラズマポンプシステム

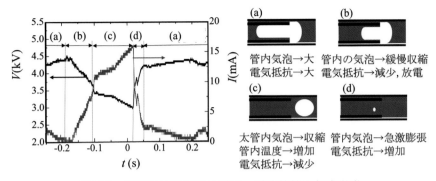

図5.65　細管内放電気泡の電圧・電流特性と気泡挙動

ち，スパーク放電を伴う細管内気泡の膨張，収縮に伴う体積変動は，数 Hz のほぼ周期的なポンプ性能を示し，細管内を流れる電流特性に対応する。

図5.66は，印加電圧 V による処理液輸送流量 Q を示す。印加電圧に対して気泡の膨張収縮に伴う処理液輸送流量は直線的に増加するが，5kV で気泡の生成・射出周波数が最大 3.5Hz となるために輸送流量も最大となり，その後減少する。

図5.67は，メチレンブルー濃度の経時変化を示す。処理液輸送中に気泡内スパーク放電で強酸化力を有する OH ラジカルが発生するので，10分

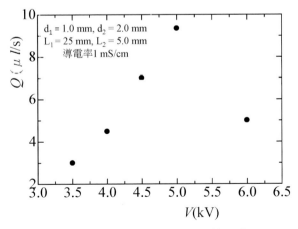

図5.66　印加電圧による処理液輸送流量

間で約60％脱色する。

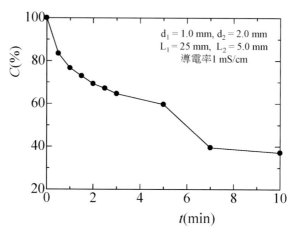

図5.67　メチレンブルー濃度の経時変化

6. おわりに

　東北大学流体科学研究所が1980年代後半に国内外に先駆けて提唱した機能性流体工学に基づき，プラズマ流動の物理化学的機能性や著者が提唱したプラズマ流動システムの概念に関して述べた。電磁場下のプラズマ流動に関して，プラズマ流動の制御，化学的に高活性な反応性プラズマ流動およびプラズマ流動と気液界面や固体表面との相互作用に関して述べた。また，応用として，プラズマ流動の磁場制御と安定化，小型ガス遮断器，プラズマ支援燃焼促進，アーク溶融や材料表面改質についても理論的に解説した。

　次に，熱源としての熱プラズマおよび化学反応源としての非熱プラズマと混相流を融合した混相プラズマ流動に関して解説した。熱および非熱プラズマ流に微粒子が分散した微粒子プラズマ流動，非熱プラズマ流に液滴が分散した反応性液滴プラズマ流動，さらには，水中気泡内にストリーマが発生した反応性気泡プラズマ流動に関して，その概念や基礎的モデルを提示した。また，応用として，微粒子プラズマ流動において電磁場制御や流動制御による成膜プロセスおよび微粒子創製プロセス，汚染微粒子輸送および微粒子表面浄化，液滴プラズマ流動による高機能微粒子創製と水質浄化，反応性気泡プラズマ流動による液中難分解性物質分解や液輸送に関する応用を解説した。

　以上により，プラズマ工学と熱流体工学，電気工学，制御工学，材料科学，ナノ科学，反応化学との統合的融合によるフロンティア流体工学としての新たなプラズマ流動工学を創成した。

　学術的には，混相プラズマ流動のナノ・マイクロスケール効果による新規な機能性発現が期待され，プラズマ流中のナノ粒子の分散および凝集や流動構造とプラズマ特性との相関解明が興味深い。また，気液界面放電と界面ダイナミクスとの相関関係に関して，流体工学と放電工学の融合により，放電・帯電特性と気泡や液滴のダイナミクスおよび気泡と液滴内部組成や気液界面構造との相関解明も興味深い。

技術的には，今後，大気圧反応性プラズマデバイスの小型化・知能化（AI）による自動車，航空機，空調機器の流動場制御や電子機器冷却，また液相プラズマの環境，医療，農業，バイオへの応用展開も期待される。

　最後に，未来へのフロンティア流体工学として，プラズマに関して，次世代研究者や若手技術者，大学院生による新規な研究展開や革新的な技術開発を切に願うものである。

謝　辞

　本書を執筆するにあたり，プラズマ研究のきっかけを与えていただいた東北大学神山新一名誉教授，共同研究者であった現東北大学流体科学研究所佐藤岳彦教授，髙奈秀匡准教授，上原聡司元助教（現パナソニック），Kandasamy Ramachandran 元助手（現インド，Bharathiar 大学准教授），故 O. P. Solonenko 元客員教授（ロシア，理論および応用力学研究所名誉教授），He-Ping Li 元客員准教授（現中国，清華大学准教授）をはじめ国内外の多くの客員教授・客員准教授および Jiri Jenista 上席研究員（現チェコ，プラズマ物理研究所）ら共同研究者，さらには，茂田正哉氏（現東北大学教授，前大阪大学准教授），河尻耕太郎氏（現産業技術総合研究所），Jang Juyong 氏（現韓国，SEMES Co., Ltd.），柴田智弘氏（現ヤンマー（株）），Qing Li 氏（現中国，復旦大学准教授）ら研究室の大学院生および学部学生諸氏の粘り強く精力的な研究に謝意を表します。また，故片桐一成元技術室長，中嶋智樹技術職員から技術支援を，千葉美由紀事務補佐員から本書を編集するにあたり助力をいただきました。なお，本書の研究成果は，文科省科研費基盤研究 (A), (B)，挑戦的萌芽研究，日本学術振興会特別研究員奨励費，21世紀 COE および GCOE プログラムおよび科学技術振興機構研究成果展開事業研究成果最適支援プログラム，さらに自動車および電機メーカー等からの産学連携費等の助成を得ました。

　最後に研究推進にあたり，常日頃に激励し忍耐してくれた両親や家族に感謝します。

参考文献

[1] M. Mitcher and Jr. C. H. Kruger, Partially Ionized Gases, Hohn Wiley & Sons, New York (1973), pp. 1–528.

[2] 赤崎正則, 村岡克紀, 渡辺征夫, 蛯原健治, プラズマ工学の基礎, 産業図書 (1984), pp. 1–254.

[3] M. I. Boulos, P. Fauchais and E. Pfender, Thermal Plasmas: Fundamentals and Applications, Vol. 1, Plenum Press, New York (1994), pp. 1–467.

[4] A. Fridman, Plasma Chemistry, Cambridge University Press, Cambridge (2008), pp. 1–978.

[5] (社)日本機械学会編：機能性流体・知能流体, (株)コロナ社 (2000), 48–92頁.

[6] 西山秀哉, 知能流体システムの基礎と応用, フルードパワーシステム, 第32巻, 第5号 (2001), 318–321頁.

[7] H. Nishiyama, and T. Sato, Nano-Mega Scale Flow Dynamics in Complex Systems, The 21st Century COE Program, International COE of Flow Dynamics, Lecture Series Vol. 12 (eds., S. Maruyama and H. Nishiyama), Tohoku University Press, Sendai (2007), pp. 5–68.

[8] 西山秀哉, 機能性と複雑構造を有するプラズマ流体の流動と応用, 日本機械学会論文集 (B編), 75巻, 753号 (2009), 901–904頁.

[9] 西山秀哉, 計算・実験統合解析によるナノ・マイクロ粒子プラズマ流動プロセスの制御 (総説), 混相流, 24巻, 1号(2010), 3–11頁.

[10] 西山秀哉, 混相プラズマ流動の先端応用 (特集), 混相流, 33巻, 4号 (2019), 366–373頁.

[11] 西山秀哉, 佐藤岳彦, プラズマ流体の機能力学と先端応用, 実験力学, Vol. 7, No. 3 (2007), 205–212頁.

[12] 熱プラズマ材料プロセシングの基礎と応用, (社)日本鉄鋼協会, 牛尾誠夫監修, 信山社サイテック (1996), 1–351頁.

[13] Thermal Plasma Torches and Technologies: Vol. II, Thermal Plasma and Applied Technologies, Research and Development, (ed. O. P. Solonenko), Cambridge Int. Sci. Pub., Cambridge (2001), pp. 1–314.

[14] 大気圧プラズマ 基礎と応用, 日本学術振興会プラズマ材料科学第153委員会編, (株)オーム社 (2009), 1–404頁.

［15］ プラズマ産業応用技術―表面処理から環境，医療，バイオ，農業用途まで― 大久保雅章監修，(株)シーエムシー出版 (2017)，1-13頁.

［16］ H. Nishiyama, T. Sato, S. Niikura, G. Chiba and H. Takana, Control Performance of Interactions between Reactive Plasma Jet and Substrate, Japanese J. Applied Physics, Vol. 45, No. 10B (2006), pp. 8085-8089., Copyright (2006), The Japan Society of Applied Physics.

［17］ J. Jenista, H. Takana, S. Uehara, H. Nishiyama, M. Bartlova, V. Aubrecht and A. B. Murphy, Modeling of Inhomogeneous Mixing of Plasma Species in Argon-Steam Arc Discharge., J. Phys. D: Appl. Phys. Vol. 51 (2018), 045202 (22pp).

［18］ 西山秀哉，佐藤岳彦，片桐一成，高奈秀匡，中嶋智樹，仲野是克，堤崎高司，プラズマ発生装置および発生方法，特開2009-54359 (2009).

［19］ H. Nishiyama, H. Takana, S. Niikura, H. Shimizu, D. Furukawa, T. Nakajima, K. Katagiri and Y. Nakano, Characteristics of Ozone Jet Generated by Dielectric-Barrier Discharge, IEEE Trans. Plasma Sci., Vol. 36, No. 4 (2008), pp. 1328-1329.

［20］ 堤崎高司，石川友美，岡部仁，西山秀哉，片桐一成，高奈秀匡，仲野是克，中嶋智樹，エンジン，特許第5117202号 (2012).

［21］ H. Takana and H. Nishiyama, Numerical Simulation of Nanosecond Pulsed DBD in Lean Methan-Air Mixture for Typical Conditions in Internal Engines, Plasma Sources Sci. and Technol., Vol. 23 (2014), 034001 (9pp).

［22］ H. Takana, I. V. Adamovich and H. Nishiyama, Computational Simulation of Nanosecond Pulsed Discharge for Plasma Assisted Ignition, J. Physics: Conference Series, 550 (2014), 012051 (9pp).

［23］ H. Nishiyama, T. Sato and K. Takamura, Performance Evaluation of Arc-Electrodes Systems for High Temperature Materials Processing by Computational Simulation, Iron and Steel Inst. J. Int., Vol. 43, No. 6 (2003), pp. 950-956.

［24］ H. Nishiyama, T. Sawada, H. Takana, M. Tanaka and M. Ushio, Computational Simulation of Arc Melting Process with Complex Interactions, Iron and Steel Inst. J. Int., Vol. 46, No. 5 (2006), pp. 705-711.

［25］ H. Takana, T. Uchii, H. Kawano and H. Nishiyama, Real-Time Numerical Analysis on Insulation Capability Improvement of Compact Gas Circuit Breaker, IEEE Trans. on Power Delivery, Vol. 22, No. 3 (2007), pp.

1541–1546.

[26] J. Jang and H. Nishiyama, Discharge Study of Argon DC Arc Jet Assisted by DBD Plasma for Metal Surface Treatment, IEEE Trans. on Plasma Science, Vo. 43, No. 10 (2015), pp. 3688–3694.

[27] T. Sato, O. P. Solonenko and H. Nishiyama, Optimization for Plasma Spraying Processes by Numerical Simulation, Thin Solid Films, Vol. 407, Nos. 1–2 (2002), pp. 54–59.

[28] 佐藤岳彦, オレグ・ソロネンコ, 西山秀哉, 数値シミュレーションによるセラミック溶射プロセスの評価, 溶射, 第40巻, 第1号 (2003), 9–13頁.

[29] A. Papyrin, V. Kosarev, S. Klinkov, A. Alkimov and V. Fomin, Cold Spray Technology (ed. A. Papyrin), Elsevier, Oxford (2007), pp. 1–328.

[30] H. Takana, K. Ogawa, T. Shoji and H. Nishiyama, Computational Simulation of Cold Spray Process Assisted by Electrostatic Force, Powder Technol., Vol. 185, No. 2 (2008), pp. 116–123., Copyright Elsevier (2008).

[31] H. Takana, K. Ogawa, T. Shoji and H. Nishiyama, Computational Simulation on Performance Enhancement of Cold Gas Dynamic Spray Processes with Electrostatic Assist, J. Fluids Eng., Trans. ASME, Vol. 130, No. 8 (2008), 081701, (7pp).

[32] M. Shigeta and H. Nishiyama, Numerical Analysis of Metallic Nanoparticle Synthesis Using RF Inductively Coupled Plasma Flows., J. Heat Transfer, Trans. ASME, Vol. 127, No. 4 (2005), pp. 1222–1230.

[33] T. Yoshida and K. Akashi, Preparation of Ultrafine Iron Particles Using an RF Plasma, Trans. Japan. Inst. Met., Vol. 22, No. 6 (1981), pp. 371–378.

[34] J. Jang, H. Takana, O. P. Solonenko and H. Nishiyama, Advancement of Powder Spheroidization Process Using a Small Power DC-RF Hybrid Plasma Flow System by Sinusoidal Gas Injection, J. Fluid Sci. and Tech., Vol. 6, No. 5 (2011), pp. 729–739.

[35] J. Jang, H. Takana, S. Park and H. Nishiyama, Advancement of In-Flight Alumina Powder Spheroidization Process with Water Droplet Injection Using a Small Power DC-RF Hybrid Plasma Flow System, J. Therm. Spray Technol., Vol. 21, No. 5 (2012), pp. 900–907.

[36] 高奈秀匡, 篠原圭介, 西山秀哉, 微粒子搬送装置及びこの装置を用いた微粒子の浄化方法, 特許第5688651号 (2015).

[37] 篠原圭介, 高奈秀匡, 西山秀哉, プラズマチューブ内における微粒子の撹拌お

よび搬送特性，混相流，25巻，5号（2011），495–500頁.

[38] H. Takana, S. Nakakawaji, S. Uehara and H. Nishiyama, Nano Powder Transportation by Combining Plasma Actuation and Electrostatic Mixing in a Tube, J. Fluid Sci. and Tech., Vol. 10, No. 2 (2015), 0011 (10pp).

[39] 排水汚水処理技術集成，Vol. 2,（株）エヌ・ティー・エス（2013），213–248頁.

[40] F. Tochikubo, Y. Furuya, S. Uchida and T. Watanabe, Study of Wastewater Treatment by OH Radicals Using DC and Pulsed Corona Discharge over Water, Jpn. J. Appl. Phys., Vol. 45, No. 4A (2006), pp. 2743–2748.

[41] T. Shibata and H. Nishiyama, Numerical Study of Chemical Reactions in a Surface Microdischarge Tube with Mist Flow Based on Experiment, J. Phys. D: Appl. Phys., Vol. 47, No. 10 (2014), 105203 (12pp).

[42] M. A. Malik, A. Ghaffar and S. A. Malik, Water Purification by Electrical Discharges, Plasma Sources Sci. Technol., Vol. 10, No. 1 (2001), pp. 82–91.

[43] B. R. Locke, M. Sato, P. Sunka, M. R. Hoffmann and J. S. Chang, Electrohydraulic Discharge and Nonthermal Plasma for Water Treatment, Ind. Eng. Chem. Res., Vol. 45, No. 3 (2006), pp. 882–905.

[44] T. Kobayashi, T. Sugai, T. Handa, Y. Minamitani and T. Nose, The Effect of Spraying of Water Droplets and Location of Water Droplets on the Water Treatment by Pulsed Discharge in Air, IEEE Trans. Plasma Sci., Vol. 38, No. 10 (2010), pp. 2675–2680.

[45] 柴田智弘，西山秀哉，誘電体バリア放電を活用した管内噴霧流の高機能化と水中有機物分解特性，混相流，26巻，5号（2013），561–566頁.

[46] T. Shibata and H. Nishiyama, Acetic Acid Decomposition in a Coaxial Dielectric Barrier Discharge Tube with Mist Flow, Plasma Chemistry and Plasma Process., Vol. 34, No. 6 (2014), pp. 1331–1343.

[47] 柴田智弘，西山秀哉，噴霧流中誘電体バリア放電による酢酸分解へのガス組成の影響，日本混相流学会混相流シンポジウム 2014 講演論文集，B322（2014），(2pp).

[48] Y. Matsui, N. Takeuchi, K. Sasaki, R. Hayashi and K. Yasuoka, Experimental and Theoretical Study of Acetic-Acid Decomposition by a Pulsed Dielectric-Barrier Plasma in a Gas–Liquid Two-Phase Flow, Plasma Sources Sci. Technol., Vol.20, No. 3 (2011), 034015 (11pp).

[49] D. Chen, Z. Jiang, J. Geng, Q. Wang and D. Yang, Carbon and Nitrogen Co-Doped TiO_2 with Enhanced Visible-Light Photocatalytic Activity, Ind. Eng.

Chem. Res., Vol. 46, No. 9 (2007), pp. 2741-2746.

[50] 張柱庸, 高奈秀匡, 安藤康高, O. P. Solonenko, 西山秀哉, 液相原料噴霧注入型DC-RF ハイブリッドプラズマ流動システムによる高機能性チタン粒子の創製と評価, 日本機械学会流体工学部門講演会講演論文集 (2012), 234, 115-116頁.

[51] J. Jang, H. Takana, Y. Ando, O. P. Solonenko and H. Nishiyama, Preparation of Carbon-Doped TiO$_2$ Nanopowder Synthesized by Droplet Injection of Solution Precursor in a DC-RF Hybrid Plasma Flow System, J. Therm. Spray Technol., Vol. 22, No. 6 (2013), pp. 974-982.

[52] C. D. Valentin, G. Pacchioni and A. Selloni, Theory of Carbon Doping of Titanium Dioxide, Chem. Mater., Vol. 17, No. 26 (2005), pp. 6656-6665.

[53] T. Shibata, A. Ozaki, H. Takana and H. Nishiyama, Water Treatment Characteristics Using Activated Air Microbubble Jet with Photochemical Reaction, J. Fluid Sci. and Tech., Vol. 6, No. 2 (2011), pp. 242-251.

[54] J. Staehelin and J. Hoigne, Decomposition of Ozone in Water in the Presence of Organic Solutes Acting as Promoters and Inhibitors of Radical Chain Reactions, Environ. Sci. Technol., Vol. 19, No. 12 (1985), pp. 1206-1213.

[55] O. Mozgina, A. Koutsospyros, S. Gershman, A. Belkind, C. Christodoulatos and K. H. Becker, Decomposition of Energetic Materials by Pulsed Electrical Discharges in Gas-Bubbled Aqueous Solutions, IEEE Trans. Plasma Sci., Vol. 37, No. 6 (2009), pp. 905-910.

[56] N. Takeuchi, Y. Ishii and K. Yasuoka, Modelling Chemical Reactions in DC Plasma inside Oxygen Bubbles in Water, Plasma Sources Sci. Technol., Vol. 21, No.1 (2012), 015006 (8pp).

[57] 佐藤圭輔, 安岡康一, 石井彰三, 水中気泡内パルスプラズマによる水処理, 電気学会論文誌 A, 第128巻, 6号 (2008), 401-406頁.

[58] H. Katayama, H. Honma, N. Nakagawa and K. Yasuoka, Decomposition of Persistent Organics in Water Using a Gas-Liquid Two-Phase Flow Plasma Reactor, IEEE Trans. Plasma Sci., Vol. 37, No. 6 (2009), pp. 897-904.

[59] H. Nishiyama, R. Nagai and H. Takana, Characterization of a DBD Multiple Bubble Jet with a Streamer Discharge, IEEE Trans. Plasma Sci., Vol. 39, No. 11 (2011), pp. 2660-2661.

[60] H. Nishiyama, R. Nagai, K. Niinuma and H. Takana, Characterization of DBD Multiple Bubble Jets for Methylene Blue Decolorization, J. Fluid Sci.

Technol., Vol. 8, No. 1 (2013), pp. 65-74.

[61] 新沼啓，中嶋智樹，高奈秀匡，西山秀哉，放電による高活性多点バブルジェットシステムの開発と水質浄化特性，日本機械学会東北支部第47期総会・講演会講演論文集（2012），10-11頁．

[62] H. Nishiyama, K. Niinuma, S. Shinoki, and H. Takana, Decomposion of Acetic Acid Using Multiple Bubble Jets with Pulsed Electrical Discharge, Plasma Chem. Plasma Process., Vol. 35, No. 1 (2015), pp. 339-354.

[63] 石幡一真，西山秀哉，ナノパルス放電気泡ジェットによるラジカルの生成と酢酸の分解，日本機械学会流体工学部門講演会講演論文集（2014），1304（2pp）．

[64] Y. He, S. Uehara, H. Takana and H. Nishiyama, Numerical and Experimental Investigation of Acetic Acid Decomposition by a Nano-Pulse Discharged Bubble in Water,. Int. J. Plasma Environmental Science and Tech., Vol. 12, No. 1 (2018), pp. 30-36.

[65] N. Y. Babaeva and M. J. Kushner, Structure of Positive Streamers inside Gaseous Bubbles Immersed in Liquids., J. Phys. D: Appl. Phys., Vol. 42, No. 13 (2009), 132003 (5pp).

[66] S. Uehara, K. Ishihata and H. Nishiyama, Development of a Capillary Plasma Pump with Vapour Bubble for Water Purification, Experimental and Theoretical Investigation, J. Phys. D: Appl. Physics. Vol. 49, No. 40 (2016), 405202 (10pp).

索　引

欧文

Boltzmann 方程式の解................ 22
DBD 支援 DC アークジェットシス
　テム...................................... 35
DBD 発生機構 59
DBD 放電アクチュエータ効果 12
DC-RF ハイブリッドプラズマ流動
　システム.............................. 53
LES Smagorinsky モデル.............. 18
O ラジカル 64
OH ラジカル 64
Pauthenier の式 46
PI 定値制御特性 16
XPS スペクトラム 77

あ

アーク.................................. 11
アーク溶融システム.................... 25
アルミナ粒子輸送割合.................. 63
安定化・制御............................ 5
安定化フィードバック制制システム
　.. 14
アンペールの式........................ 26
イオン電流............................. 23
運動量交換............................. 40
運動量保存則の式....................... 7

エアロゾルプラズマ..................... 66
エアロゾルプラズマ処理.............. 65
液相原料注入型低電力 DC-RF ハイ
　ブリッドプラズマ流動システム.... 76
液相原料噴射法........................... 76
液相前駆体（SP）...................... 77
液滴.. 5
液滴（ミスト）濃度..................... 70
液滴プラズマ流動......................... 5
エネルギー交換........................... 40
エネルギー保存則の式..................... 7
円筒型メッシュ電極...................... 92
円筒状 DBD プラズマ 35
沿面マイクロ放電（SMD）チューブ ... 71
オームの式...............................8
汚染微粒子................................ 59
汚染微粒子表面浄化..................... 39
オゾン（O₃）......................... 66
オゾンマイクロバブル.................. 66
オゾンマイクロバブルジェット処理
　.. 65

か

加圧溶解法.............................. 80
界面ダイナミクス....................... 101
化学種連続の式......................... 18
化学的高活性...........................5, 7

化学反応............11

拡散束............95

核生成............52

過酸化水素（H_2O_2）............66

可視化............18

可視光域............75

活性酸素種（ROS）............22, 66

活性種（ラジカル）............5

荷電粒子............7

過渡回復電圧（TRV）............31

過飽和蒸発............49

過飽和度............50

環境浄化............75

換算電界強度（E/N）............22

完全溶融液滴............41

管内噴霧プラズマ流動モデル............68

管壁液膜............98

含有硫黄濃度............25

気液界面............11

気液界面放電............101

蟻酸............88

機能性プラズマ流............10

機能性流体............7

希薄気体効果............46

希薄燃焼促進............12

気泡............5

気泡内放電............83

気泡プラズマ流動............5

吸収性能............78

弓状衝撃波............47

急冷（クエンチ）............39

局所熱平衡（LTE）............18

空隙率（ポロシティ）............39

クヌーセン数............50

グロー柱............36

計算・実験統合解析............18

高エネルギー電子............20

高エネルギー密度............7

高温電磁流体............7

高機能化............10

高周波電磁場............43

高周波誘導プラズマ流............49

固液共存相............25

コールドスプレー成膜プロセス............11

小型ガス遮断器............11, 31

固気混相流動............39

固体表面............11

混合液滴............76

混合促進............34

混相効果............11

混相プラズマ流動............39

さ

再循環領域............49

細管内プラズマポンプ............98

細管内放電............98

材料表面改質............13

最適条件............25

再放電（地絡）............31

酢酸............88

酸化力……………………………… 21

酸素欠損…………………………… 77

紫外域……………………………… 75

紫外線……………………………… 65

時空間ナノ・マイクロスケール…… 10

自己分解…………………………… 71

自己誘起磁場……………………… 18

システムエネルギー効率………… 67

質量保存則の式……………………7

磁場制御型 DC プラズマジェット

　システム………………………… 13

ジュール熱…………………………7

消失項……………………………… 69

消失濃度…………………………… 95

状態方程式…………………………7

衝突粒子温度……………………… 43

衝突粒子速度……………………… 43

正味エネルギー効率……………… 89

除菌………………………………… 59

処理液輸送流量…………………… 99

水質浄化…………………………… 12

水質浄化効率……………………… 80

水蒸気プラズマ…………………… 57

ステレオ PIV……………………… 60

ストリーマ進展速度……………… 95

ストリーマ先端…………………… 23

ストリーマ放電多点気泡ジェット

　システム………………………… 90

スプラットの高さ………………… 48

スマート化………………………… 10

スワール比………………………… 62

生成項……………………………… 69

生成・射出周波数………………… 99

生成濃度…………………………… 95

静電気力……………………………7

積分時間…………………………… 14

絶縁破壊電圧……………………… 35

セラミックスプラット形成モデル…… 39

旋回流速度………………………… 60

せん断力…………………………… 26

操作量……………………………… 14

た

大気圧反応性プラズマデバイス…… 102

多成分電磁流体……………………7

脱色吸光特性……………………… 76

窒素酸化物（NO_x）…………… 74

超音波霧化装置…………………… 73

超音速微粒子ジェット加工（コール

　ドスプレー）…………………… 45

鉄粒子径累積率…………………… 52

電荷保存の式………………………8

電極螺旋角………………………… 62

電子…………………………………7

電子エネルギー分布関数………… 22

電子温度…………………………… 69

電子電流…………………………… 23

電磁場制御型プラズマ溶射プロセス

　……………………………………… 40

電磁場制御性………………………7

電磁流体力学効果.....................7

伝達関数...........................14

電離気体...........................5

銅基板表面自由エネルギー............36

統合モデル.........................39

導電率.............................85

な

内部エネルギー.....................32

ナノパルス放電...................20, 90

ナノパルス放電解析モデル............22

ナノ・マイクロスケール...............5

ナノ粒子数密度.....................49

ナノ粒子創製用高周波誘導プラズマ

　　...........................49

ナノ粒子の成長速度.................50

ナノ粒子輸送.......................50

ナビエ・ストークスの式..............32

難分解性物質.......................71

難分解性物質の熱分解................17

濡れ性.............................38

熱解離.............................20

熱効率.............................29

熱非平衡プラズマ....................7

熱プラズマ.........................7

熱流束.............................26

燃焼の着火遅れ.....................12

は

廃棄物の溶融固化・減容化............25

廃棄物溶融.........................13

はく離............................34

発光強度...........................15

反応性液滴プラズマ流動..............64

反応性気泡プラズマ流動..............79

反応性混相プラズマ流動...............9

反応性微粒子創製...................39

反応性プラズマ流動..................9

反応性流体.........................7

反応速度定数.......................22

非移行型アークジェット..............35

光触媒作用.........................75

光放射.............................7

飛行粒子温度.......................39

飛行粒子速度.......................39

飛行粒子プロセス...................39

微小液滴...........................68

微小スケール.......................5

非導電性ガス SF_6...............31

非熱成膜プロセス技術................45

非熱プラズマ.......................7

非反応性混相プラズマ流動............9

非反応性プラズマ流動...............9

皮膜形成モデル.....................39

表皮効果...........................50

表面原子濃度.......................36

表面自由エネルギー.................36

表面張力...........................26

表面反応...........................39

微粒子.............................5

微粒子創製プロセス............... 11

微粒子の撹拌・搬送............... 59

微粒子プラズマジェットモデル...... 39

微粒子プラズマ流動............... 5, 39

比例定数......................... 14

フィックの法則................... 95

不均一凝縮....................... 50

不均一混合プラズマ............... 17

不均一放電....................... 74

付着効率......................... 48

物性値........................... 7

物理化学的機能性................. 5

部分特性モデル（Partial character-

istic model）................. 18

プラズマアクチュエータチューブ.... 59

プラズマ炎....................... 57

プラズマ支援燃焼促進............. 20

プラズマ溶射..................... 11, 13

プラズマ流......................... 5

プラズマ流動..................... 5

プラズマ流動工学................. 101

プラズマ流動システム............. 10

プラズマ流動変動................. 53

フリーラジカル................... 65

フロンティア流体工学............. 101

分解率........................... 67

分散混相化....................... 10

噴霧流プラズマリアクター......... 67

平衡状態......................... 96

平均電子エネルギー............... 70

ベンチュリー型マイクロバブル発

生器........................... 79

変物性........................... 7

ヘンリーの係数................... 70

ヘンリーの法則................... 95

放射損失......................... 7

放電気泡ジェットシステム......... 82

ボルツマン定数................... 70

ま

マイクロ液滴界面上............... 65

マイクロバブル................... 64

マイクロパルス放電............... 82

マクロスケール................... 5

マックスウェルの式............... 8

マランゴニ対流................... 25

マルチスケール................... 5, 11

ミスト濃度....................... 74

水・ガス安定化ハイブリッドアーク

トーチ......................... 17

滅菌............................. 59

や

誘起旋回速度比（スワール比）...... 62

有機廃棄物のガス化............... 17

誘起流........................... 59

誘電体バリア放電プラズマ（DBD）

.... 11

輸送距離......................... 65

溶接............................. 25

溶存量……………………80

揺動抑制制御特性………16

溶融池……………………25

溶融球形化………………11

ら

ラジカル…………………7

螺旋電極…………………59

粒子球形化率……………55

粒子境界層………………41

粒子蒸発潜熱……………41

粒子帯電…………………12

粒子帯電電荷量…………46

粒子表面浄化……………59

粒子輸送量………………62

粒子溶融潜熱……………41

臨界衝突速度……………45

励起種……………………7

励起 OH ラジカル………84

冷却速度…………………52

ローレンツ力……………7

西山　秀哉 (にしやま　ひでや)

1977年　東北大学工学部機械工学科卒業
1982年　東北大学大学院工学研究科博士課程修了
1988年　秋田大学鉱山学部助教授
1989年　東北大学高速力学研究所助教授
1990年　ベルギー，フォン・カルマン流体力学研究所客員教授
1997年　東北大学流体科学研究所教授
2018年　東北大学名誉教授
　　　　大阪大学招聘教授
　　　　東京工業大学特別研究員（〜2020年）
　　　　日本機械学会名誉員
現在に至る

▪受賞
　日本機械学会論文賞（2001年, 2017年）
　日本混相流学会論文賞（2002年）
　日本機械学会流体工学部門フロンティア表彰（2002年）
　First Prime in the Competition on Fundamental Investigations, Institute of
　　Theoretical and Applied Mechanics, Siberian Branch of Russian Academy of
　　Sciences (2003年)
　溶接学会溶接アーク物理研究賞（2006年）
　日本機械学会流体工学部門賞（2008年）
　可視化情報学会映像賞（2012年）
　日本混相流学会技術賞（2013年）
　日本混相流学会業績賞（2020年）ほか

プラズマ流動工学
Plasma Flow Engineering

2021年7月15日　初版第1刷発行

著　　者　　西山秀哉
発 行 者　　中田典昭
発 行 所　　東京図書出版
　　　　　　Tokyo Tosho Shuppan
発行発売　　株式会社 リフレ出版
　　　　　　〒113-0021　東京都文京区本駒込 3-10-4
　　　　　　電話 (03)3823-9171　FAX 0120-41-8080
印　　刷　　株式会社 ブレイン